大開眼界！

超好讀 人類 科技史

吳軍 著

吳大猷科普著作獎得主

「得到APP 羅輯思維」人氣講師

快樂文化

推薦序

科技總是纏繞著人類的需求 與好奇而發生

有人曾戲謔的説：「沒有罐頭，就不會有第一次世界大戰了！」

十八世紀下半葉，儘管歐洲列強各自擁有強大的軍事力量，但前線士兵的營養補給問題，一直是個巨大的困擾。

成千上萬的士兵，離開家園遠赴戰場參與曠日廢時的戰事，他們那時可沒有新鮮的食物啊！只能帶著一些很鹹很鹹的肉乾、很硬很硬的餅乾，做為戰爭中的補給。在長期營養不良的情況下，古代的戰爭，許多士兵在還沒跟敵人交戰前就因為疾病先死去了。

直到1804年，一位法國廚師尼古拉‧阿佩爾（Nicolas Appert）將食物裝進玻璃罐內，接著加熱煮沸，最後再將瓶口完全密封，才發明了人類歷史上第一個罐頭。

小小的罐頭，帶來歷史大大的改變！有了罐頭後，士兵們終於可以攜帶更多元的食物前往戰場！得到更多樣化的營養補給後，作戰能力才有機會提升！更遠距離的作戰才獲得可能，更長期的戰事發展才成為事實。

這就是科技史。

每個日常事物的微小變化，都帶動著人類文明的不同演化。「科技」不只是產品本身，每一個新的發明出現，都會改變我們與大自然互動的方式，都會攪動人與人之間既有的社會關係，創造出新的生活樣貌。

當人類掌握了「火」，並非只是掌握了光與熱！同時也讓我們有了更多的勇氣與力量，走出了溫暖的非洲，進行更大規模、更長距離的遷徙！

當人類掌握了「電」，不僅僅是獲得一種能源，同時也為我們的世界創造了無數的便利。想想你的生活中，有什麼是不需要依賴電力的呢？光是手機沒電，似乎就要失去全世界了，不是嗎？（笑）

每一步科技的前進，都為人類的社會開創出新的連結。科技從不只是科技，科技總是纏繞著人類的需求與好奇而發生的！然而，現在的中小學課程在科技領域面，少見有從歷史角度的觀點進行科技演變的探究；歷史課程中也依然多著墨於政治經濟層面的發展歷程。

吳軍老師的作品，可說是從各方面補上了現行教材的缺口，包括農業、工業、天文、物理、化學、生物、藝術各領域，不斷引領孩子雙向思考科技與生活的互動：在歷史中看見人類的需要，思考科技是如何發生、應用與變化；在科技中又能看見文明的彈性，思考人類生活如何被科技改變、衝撞與調適。

深入淺出的文字搭配Q萌的插圖，讓我們的孩子在閱讀的歷程中，滿足對世界如何生成的好奇心。書中俯拾皆是的趣味生活知識，不僅有效幫助發展科學素養，還能藉此養成人文思維。一本有良心的科技史，確實能造就無限的學習福祉。

——國中歷史老師 aka 歷史小巨星 吳宜蓉

目錄

推薦序　ii

第一章
黎明之前

01 如何了解人類歷史　002

02 用石頭砸開堅果　003

03 火帶來光和熱　006

04 原始人住在哪裡　008

05 人類何時有衣服穿　010

06 最早的武器　013

07 學會說話有多重要　015

第二章
文明曙光

01 糧食最早從哪裡來　018

02 陶器出現代表穩定生活　021

03 灌溉系統讓農田大豐收　024

04 原始的車和船　026

05 數學的進步　028

06 不斷演變的文字　031

07 早期的天文學　033

08 幾何學的起源　035

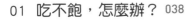

第三章

農耕文明

01　吃不飽，怎麼辦？　038

02　青銅與鐵　　　　　044

03　解鎖紡織技能　　　047

04　瓷器與玻璃　　　　049

05　城市出現了　　　　051

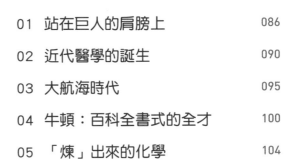

第五章

科學啟蒙

01　站在巨人的肩膀上　　　086

02　近代醫學的誕生　　　　090

03　大航海時代　　　　　　095

04　牛頓：百科全書式的全才　100

05　「煉」出來的化學　　　　104

第四章

文明復興

01　古希臘人的貢獻　　　　056

02　紙張對文明有多重要　　065

03　從雕版印刷到活字印刷　070

04　大學的誕生　　　　　　073

05　什麼是文藝復興　　　　077

06　「日心說」突出重圍　　081

第七章
新工業

01 地球的黑色血液　　154

02 無處不在的化學　　157

03 化學肥料與農藥　　162

04 輪子再加上內燃機　165

05 飛上藍天　　170

06 可怕的武器　　174

第六章
工業革命

01 神祕的月光社　　110

02 蒸汽開啟了新時代　114

03 各行各業的革新機械　117

04 造出永動機？　　121

05 人體由什麼組成　　124

06 「演化論」的重大影響　128

07 電是怎麼來的　　132

08 電力時代來臨　　136

09 電報與電話　　142

10 廣播與電視　　150

第八章
原子時代

01 從相對論到量子力學 180

02 了不起的原子能 185

03 戰爭時的千里眼：雷達 191

04 柳樹皮裡有阿司匹靈 193

05 青黴素是萬靈丹？ 195

06 不可或缺的維生素 197

第十章
未來世界

01 人類可以編輯基因嗎？ 228

02 掌握核融合反應 230

03 什麼是量子通訊 234

04 未來會是什麼面貌 236

第九章
資訊時代

01 數學的「演化」 202

02 從算盤到機械式計算機 206

03 讓機器自動運算 208

04 什麼是摩爾定律 212

05 無遠弗屆的網際網路 216

06 日新月異的行動通訊 218

07 太空競賽 220

08 從豌豆雜交開始的基因技術 222

第一章

黎明之前

人類的科技並非憑空出現，它伴隨著人類的歷史一路發展。而人類的歷史是從何時開始的呢？

其實這是難以精確回答的問題。人類在地球上的演化是一段綿延不斷的過程，並不存在黑白分明的分界線。科學界一般是把大約二十萬到三十萬年前，現代智人出現時，做為人類歷史的開端。

▶ 01
如何了解人類歷史

人類經歷了漫長的**史前時期**，才發展到**文明時期**。可是史前時期沒有留下文字記載，我們要怎麼了解那個時候的人類是如何生活和生存的呢？

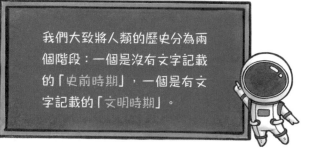

我們大致將人類的歷史分為兩個階段：一個是沒有文字記載的「史前時期」，一個是有文字記載的「文明時期」。

聰明的學者使用三種研究方法。

第一種比較常用，是利用遠古人類留下的痕跡，比如人類的骨骼、獵物的骨骼、打獵用的工具、食物殘渣、在岩洞中畫的壁畫等。此外，古氣候學家重新建構了當時的氣候環境，我們可以依此來推測當時人們的生活情況。

第二種比較特別一些，現今世界上依舊存在許多原始部落，考古學家和人類學家便考察這些原始部落，來推演遠古人類是怎麼生活的。

第三種是最新、最精準的方法，是透過DNA（去氧核糖核酸）技術來研究。人類各式各樣的生存活動，都會留下痕跡，而上面可能帶有遺傳物質DNA，裡面就隱含了許多訊息。我們可以想成，有一支無形的筆把訊息記錄在人類的DNA裡，研究人類歷史，可以說是解碼這些訊息的過程。

遠古人類的科技與我們現今的科技，同樣都跟食衣住行息息相關，在這一章裡，我們將透過這三種方法和線索，以石器、火、居所、衣服、武器、語言為例，初探黎明之前的科技雛形。

從猿人到現代人

▶02
用石頭砸開堅果

大多數動物只懂得運用自己的身體部位來獲取食物，比如鋒利的爪子、長長的舌頭、靈活的觸手，而人類卻擁有「附加技能」——人類是少數能夠使用工具的動物之一。

石器的出現，對人類的發展非常重要，它是人類創造力的產物。現在

看看裡面有什麼好吃的

我們看那些石器，大概覺得簡單又粗糙，但那已是遠古人類當時僅有的工具，它幫助人類在和其他動物的競爭中勝出，並且讓人類能做許多具有創造性的事情，比如剝下獸皮製成衣服、分食大型動物、獲取獸骨、砍樹搭建住所，以及後來的農業耕作等等。

早期，人類可能是湊巧**用石頭砸開了堅果**，或者打死了一些小動物，隨著時間推進，人類愈來愈主動的使用石頭來達成自己的目的，石頭就逐漸成為一種簡單的工具；傳承了很多代後，人類開始發現，石頭上鋒利的稜角可以劃開動物的皮，還可以砍斷小樹，於是石頭的用途

1月　　　2月　　　3月　　　4月

變得更加廣泛；又過了很多代之後，不知道是誰，偶然發現摔碎的石頭使用起來更方便，於是，聰明的人們開始把巨大的石頭摔碎，製造出自己需要的工具。現今，我們把這些人稱為「巧人」，是最早懂得製造工具的人類。

到了大約二十萬年前，石器的種類突然變得很豐富，製作也更精良。那些石器的大小、形狀和功能各不相同。

不同的石器

石核器或砍砸器，它最原始，體積也最大，作用有點像現在的錘子或剁肉的刀。

刮製石器，它比較厚，形狀不一，已經有相當鋒利的刃，有點像我們現在用的菜刀。但尺寸通常比手掌還要小一些，這就是我們祖先早期使用的刀和武器。

尖狀石器，它比刮製石器更進一步，用石核輕輕砸製，成為類似梭子形、更小巧鋒利的工具，有點像後來的匕首。

| 5月 | 6月 | 7月 | 8月 | 9月 | 10月 | 11月 | 12月15日 |

與漫長的人類歷史相比，文明的歷史可要短暫多了。如果用一年的時間類比，把現代智人二十五萬年左右的歷史，壓縮在三百六十五天之中，那麼直到這一年的 **12月15日**，人類都還在使用石器。

從現代眼光來看，石器雖然簡單而粗糙，但是在當時，可是名副其實的「高科技」，它彷彿黑夜中的曙光，預示著人類文明的誕生。而照亮人類前路的，正是火的使用。

▶ 03
火帶來光和熱

人類最初掌控的光和熱，是來自火焰。在很長的時間裡，學者都認為最早使用火的，是距今有五十萬年的北京猿人。但是1981年，在肯亞的一處山洞中，考古學家發現了一百四十二萬年前，原始人使用火的證據。那時，人類才剛剛演化為直立人，比現代智人的歷史還要早一百多萬年。

對原始人來説，火有三個主要用途：**取暖、驅趕野獸、烤熟肉食**。

取暖是火最直接的用途，火焰釋放出光和熱，讓人類戰勝寒冷與黑暗，陪伴他們走到世界的每一個角落。如果沒有火，早期人類就無法獲得足夠的能量，而跨出溫暖的非洲。

驅趕野獸的簡單意義是，人類用火嚇跑來犯的野獸，維護自己部落的安全；而更進一步的意義是，人類用火驅趕棲息在山洞中的野獸，因而能夠佔據山洞居住。

天打雷劈不一定是做了壞事，也可能是幫助燒烤。

最初的火種是怎麼得到的呢？學者們一般認為，是雷電導致森林大火而產生的。但是，所有動物都害怕火焰，原始人是如何克服對火的恐懼、帶回火種的？至今仍然是一個謎。

至於火的第三個用途——烤熟肉食，人類開始運用它的時間其實非常晚。我們總說原始人茹毛飲血，實際上，現代智人出現以前，原始人主要靠採集為生，現今生活在非洲的原始部落民族依然如此。現代智人出現以後，掌握了比較高超的捕獵技術，可以捕獲大型獵物了，但事實上，這時候的人類使用火焰已經有上百萬年的時間。

烤熟肉類的意義不僅是好吃和衛生。在這以前，吃野果的原始人，每天都要花十個小時找食物、吃食物，光是吃飯都要這麼久，哪裡還有精力長途遷徙或做更多的事情呢？因此吃烤肉這件事，大大縮短了人類進食的時間；另外，吃熟食的人類不再需要過度鋒利的牙齒，這樣，就可以留出生長發育空間給大腦；而熟肉的營養更容易吸收，人們獲取能量的效率變得更高，也促進大腦演化得更發達。

我們要
變成烤肉了……

人類能演化出聰明的大腦，是基因、自身行為和外部環境三者共同作用的結果。火的使用，正是人類自身行為改變最主要的動機和原因。

我們現在很容易就能取得火柴棒或是打火機，點火並不難；但是在遠古時候，火是人類跨時代的「高科技」發明。人類舉著明亮的火把，開始更大規模、更遠距離的遷徙。

▶04
原始人住在哪裡

人類最初是居住在**山洞**裡的，可是如果要大規模的遷徙，就必須學會在離開山洞的情況下生存。廣闊的平原上很少有山洞，為了棲身，人類學會了「建造房子」。在中國的古老傳說裡，有巢氏是最早建房

子的人，而根據考古發現，最早搭建**茅屋**的人類是歐洲的海德堡人。海德堡人是古代人類的其中一支，體力和智慧都比不上現代智人，他們所建造的茅屋位於法國的泰拉・阿瑪塔遺址，距今已經有大約四十萬年了。

八月秋高風怒號，卷我屋上三重茅。

雖然掌握了搭茅屋的技術，但有很長一段時間，人類仍舊比較喜歡住在山洞，簡易的茅屋只是臨時用來遮風擋雨。不過，茅屋為人類的進步奠定了堅實的基礎。與寬大的山洞相比，就近搭建的茅屋有顯而易見的好處——讓人類可以更方便的工作；就像現今許多人，寧可住在工作機會較多的城市，也不想住偏遠地區的大宅邸一樣。

漸漸的，人類把茅屋搭得更堅固了，尤其是有了夯土的牆。堅實的茅屋不僅可以遮蔽風雨，還可以抵禦野獸的侵襲，屋內可儲藏生活用品。於是，人類開始在平原地區定居下來，一起定居的人多了，就有了大規模的聚落，正如現在的城市一般。

大規模群居，不僅可以讓人類的部落族群聯合捕食大型動物、開墾土地、進行各種建設，而且可以在和其他人類族群的競爭中勝出。同時，人類開始有時間去從事覓食以外的活動，尤其是發明新東西。

形成大規模聚落，是人類從史前文明演進到早期文明的必要條件。同時，人類並未停止擴張的腳步，在向北方拓展的路上，等待他們的是寒冷的考驗。

▶05

人類何時有衣服穿

走出非洲，走向世界。

人類是什麼時候開始穿衣服的？這個問題遠比搞清楚火和工具的使用還困難得多，因為使用火和石製工具，會留下很多線索，但是毛皮製成的「衣服」很容易腐爛，難以保存下來。

距今十萬年到五萬年前，**現代智人走出了非洲**，走向了世界，他們的後裔就是現在的我們。不過那時候，正值地球冰河時期（地球表面覆蓋大規模冰川的地質時期），「寒冷」是世界的主旋律，祖先們在炎熱的非洲已經生活了

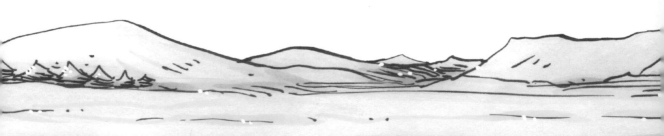

幾十萬代，才剛剛走出家門，就踏上了氣候嚴寒的歐亞大陸。

因為天氣實在太冷了，人類只好將**動物的毛皮**裹在身上保暖，這就形成了最初的「衣服」。當身體儲存了更多能量，人們的活動範圍也就更廣了。

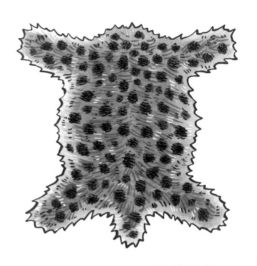

穿上這套豹紋，我就是最帥的人。

破解人類何時穿上衣服這個謎題的，並不是考古學家，而是一位遺傳學家；他依靠的不是考古的證據，而是基因（決定生物性狀的遺傳基本單位）。

事實上，穿衣服與人類身體的一個變化息息相關，那就是——褪去體毛。也就是說，如果我們知道人類什麼時候褪去體毛，就可以推斷出衣服出現的時間。但是問題接踵而至，動物的毛皮難以保存，人類的毛皮也不例外，所以人類褪去體毛的時間同樣難以知曉。

友誼的開始，是我幫你抓蝨子。

在人類走出非洲後大約兩萬年，遙遠而寒冷的西伯利亞，已有現代智人的足跡。

科學家繼續尋找方法，竟然從蝨子（一種常寄生在人體和豬、牛等身上的小昆蟲）身上找到了可能的答案。

1999年的一天，德國遺傳學家馬克‧斯托金拿到了一張紙條，是他兒子從學校帶回的通知單，上面說有學生頭上長蝨子，要大家注意個人衛生。

這普通的一句話，卻為這位科學家帶來了靈感。

從體蝨來推測人類穿上衣服的時間

蝨子是寄生蟲，如果牠離開人體表面溫暖的環境，將活不過二十四小時。寄生在頭髮上的蝨子叫做**頭蝨**；生存在衣服纖維上的蝨子叫**體蝨**，牠們是不同物種，身體結構也大相徑庭。

當人類褪去滿身的體毛，蝨子在人身上的活動範圍大略只剩下頭髮了，這是頭蝨；在人類穿上衣服的同時，寄生的蝨子也演變出新的物種，這就是體蝨。因此，科學家只要掌握體蝨出現的時間，不就可以推算出人類褪去體毛，也就是穿上衣服的大概時間了嗎？

斯托金比較了不同種蝨子的基因差異，他根據蝨子基因變異的速度，推算出體蝨出現的時間，大約在七萬兩千年前（增減幾千年）。有趣的是，這個時間點幾乎就是現代智人走出非洲的時間，可見，現代智人是「盛裝出行」周遊世界的。

▶06
最早的武器

人類走出非洲時，寒冷的氣候只是他們面臨的困難之一，在未知的大陸上行進，還要保證自身的安全。現代智人不僅要與大型野獸搏鬥，還不得不與其他人類（主要是尼安德塔人）競爭，無論狩獵還是防身，武器顯得極為重要。

史前武器主要有兩類：一類是刺殺型武器，比如**長矛**；另一類是投射型武器，比如**弓箭**和**標槍**。

我們現今熟知的刀劍是砍殺型武器，在史前時代並不存在，因為史前人類要對付的往往是迅速敏捷的猛獸，在遠處發起攻擊，要比近身搏鬥更有利。此外，史前人類也還沒有掌握冶金技術，所以，即使他們想使用刀劍，也造不出好用的。

實際上，在哥倫布發現美洲新大陸時，當地人使用的武器就是矛、標槍和弓箭。假如他們當時已掌握冶金技術，命運或許會有所不同。

矛的歷史相當久遠，不僅現代智人發明了矛，尼安德塔人和海德堡人也都發明了矛，人類學家還觀察到，現今非洲的黑猩猩也能用樹枝戳水中的

吃我一矛！

魚。如果是你來做判斷，這根叉魚的樹枝可以算做長矛嗎？

其實，科學家也無法追溯第一根長矛出現的時間，因為有些「發明」實在是太簡陋了。

在長矛的對抗中，尼安德塔人贏了，他們更早定居在歐洲，身體和四肢都很粗壯，血液循環效率更高，所以更適合生活在寒冷的地方。

十三萬年至十一萬年前，現代智人曾經到達歐洲，但手中只有長矛的他們，並不是「地頭蛇」尼安德塔人的對手。

過了大約兩萬年，現代智人再次嘗試走出非洲，這次他們帶上了弓箭和標槍，這在當時是最先進的武器，可以更有效的圍捕和殺傷敵人。而尼安德塔人的技術卻停滯不前，他們自始至終都沒有發明出遠端攻擊的武器，在第二輪的生存對決中，尼安德塔人落敗了，當然，環境的變化也是尼安德塔人失敗的原因之一。

然而研究發現，現代智人取勝的原因可能不只是先進的武器，他們似乎掌握了一項更神奇的能力——語言。

還你一箭！

▸07
學會說話有多重要

在人類生存發展的過程中，語言是一種傳遞資訊的利器，它使人類在激烈的競爭中遠遠甩開所有對手。

人類有別於其他物種的地方，最根本的是大腦結構不同，主要在兩個方面。

第一，人腦分成不同功能區域，比如處理語言文字的中樞、聽覺的中樞，與音樂藝術相關的部位等等，這些功能使得人類有發達的想像力，能夠幻想不存在的事物，這對於人類智力的發展非常重要。很多學者認為，這是人類創造力的來源，也和後來的科技成就密切相關。

第二，人腦的溝通能力，特別是使用語言符號（如文字）的能力較強。儘管許多動物可以透過聽覺、觸覺、嗅覺等，與同伴交流和分享資訊，但是人類是唯一能夠使用文字進行交流的生物。在語言和文字的基礎上，人類還創造出複雜的表達系統（語法），這樣不僅可以精準的交流資訊和表達思想，還可以談論我們沒有見過的事情，比如幻覺和夢境。

有了語言能力，人
類傳遞資訊變得輕
而易舉，溝通交流
的品質有飛躍性的
成長。

今天可能會下雨，
你出門帶把傘吧。

用短短的一句話，
能表達出完整的思
想。人類就可以召
集一大群人，共同
完成一件事。

不過，語言能力的出現，並不代表也誕生了語言。最初的人類，或許
也只是像其他動物那樣，發出含糊不清的聲音來表達簡單的意思，比
如「嗚嗚」叫兩聲，表示周圍有危險；而同伴「呀呀」的回答，表示
知道了。

隨著人類活動範圍的擴大，要處理的事情變得更複雜了，語言也隨之
愈來愈豐富、愈來愈抽象。在訊息交流中，人類經常對某些物體、數
量和動作，用相同的音來表達，這便是「概念」和「詞語」；當概念和
詞語足夠多時，語言就自然而然的誕生了。

語言傳遞了更豐富的資訊，也加速了人類文明的進步歷程。

第二章

文明曙光

人類歷史上發生了多次科技革命，第一次重大的科技革命與農業有關。從大約一萬兩千年前開始，農業成為早期文明地區賴以生存的基礎。人們馴化*穀物和家畜，發展水利工程技術，探索天文學和幾何學，最初都是為了農業。比起狩獵和採集，農業可以產生足夠多而且穩定的能量，當人們不必為了填飽肚子而每天疲於奔命時，有些人便得以從食物生產工作中脫離出來，去做其他的事情；這些人可能是手工業者，也可能是社會管理者，甚至可能是專門研究知識的人，他們對文明的產生和發展至關重要。

★編註：馴化是指，人類飼養或栽培野生的動植物，逐漸掌控動植物的繁殖和生長特徵。

▶01
糧食最早從哪裡來

中國人的祖先經過數萬年的遷徙，最終定居在黃河流域、長江流域和嶺南地區。長期以來，學者都認為遠古時期的嶺南地區是很落後的，黃河與長江流域才是比較先進的文明中心。

但是從20世紀90年代開始，考古發現改變了人們的看法。

刀耕火種，隨緣發芽。

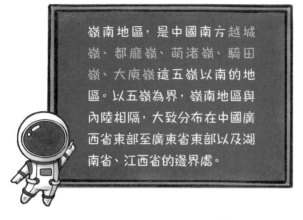

嶺南地區，是中國南方越城嶺、都龐嶺、萌渚嶺、騎田嶺、大庾嶺這五嶺以南的地區。以五嶺為界，嶺南地區與內陸相隔，大致分布在中國廣西省東部至廣東省東部以及湖南省、江西省的邊界處。

1993 年，考古學家在湖南省道縣（珠江中游地區）發現了最早的稻穀，它們具有大約一萬零兩百年的漫長歷史。

在大約一萬一千三百年前的土耳其南部地區，那裡的居民最先開始馴化小麥，他們在野生小麥中篩選出優質的種子進行培育，經過幾代的種植與篩選之後，這些種子比起野生種子有更高的產量，兩者之間已經出現很大的差異。

加工過的小麥，是我們現今吃的麵食；加工過的水稻，是我們現今吃的米飯。

其實狗的馴化也是這樣，當狗脫離了殘酷的野生環境，與人類一起快樂的生活，牠們也漸漸失去祖先灰狼（或其他狼種）所具備的很多能力，所以狗很難再回到野生環境中獨立生存。

哪裡不一樣？

把人們培育出的小麥種子再放回到自然界，它也很難與其他植物競爭，小麥只能生長在人類開墾的田地裡。這些植物需要人類，就如同人類需要它們一樣。

水稻的馴化和小麥的馴化，過程並不相同，尤其是產量提高的特性。

水稻的高產量不只是依靠篩選種子，中國人聰明的祖先還「發明」出更神奇的方法。

現今的水稻產量很高，每株能採收三百顆種子，甚至更多。

成熟的麥子會低頭

野生的水稻生長在水裡，產量並不高，與其他穀物沒什麼差別。但是，祖先發現了水稻與眾不同的地方：如果在它將要成熟時突然把田中的水放掉，為了繁衍下去，水稻此時會大量結出種子，這就是人們可以食用的稻穀。

一株水稻會長出好幾支稻穗，每支稻穗上可以長出幾十顆種子，因此，一株水稻可以採收上百顆種子。人們不斷精進這項技術，水稻的產量就變得非常高。

在中國人馴化水稻的時候，西亞人也用類似的方法馴化無花果。

無花果樹生長在地中海型氣候地區，是一種生命力極強、果實很多的植物。它的果實甘甜，而且容易保存，是非常好的能量來源，所以人類會採摘無花果做為食物。

自然生長的無花果樹，果實雖然多，但是很小顆，含糖量也比較低；不過人們發現，只要用合適的方法來幫無花果樹剪枝，就能長出又大又甜的無花果。類似的技術，後來也被用在葡萄等爬藤類漿果上。

無論是栽種小麥、水稻，還是修剪果樹，定居下來的人們為了能夠穩定生活，每天都辛勤勞動著，日出而作，日落而息，才能確保獲得足夠的能量，來維持部落的生存和發展。

偷偷嘗一口，沒人會發現吧。

人類馴化了農作物，反過來說，似乎也被它們束縛在同一片土地上。同時，人們的飲食方式也因農業而改變。

▶02 陶器出現代表穩定生活

我們的祖先「發明」了水稻種植技術，獲得高產量的稻米，但是接下來問題又出現了，硬硬的米粒要怎麼吃呢？

現今的我們會脫口而出「用電鍋加水煮飯呀」，但是在一萬多年前，煮飯可不是一件容易的事，那時的人們並沒有可以煮飯的「鍋」。

最早的容器，可能是一片芭蕉葉、一個瓠、一片木板或是一個貝殼，根據研究，古巴比倫地區的人們還使用過鴕鳥蛋殼。不過，這些天然的臨時容器並不是很便利，也不耐用。苦惱的人們面對火堆的餘燼，不經意間發現了一些堅硬的碎片，結果令人無比驚喜，他們似乎第一次「創造」出了原本不存在的事物。

早期的天然容器

這些偶然出現的碎片，是陶土經過高溫加熱後生成的。

然而，從發現碎片到製作成形的陶器，人類花了幾十萬年的時間。看似簡單的盆盆罐罐，為什麼經歷了如此漫長的時間才被發明出來呢？

首先，遠古人類手上大概只有石頭和貝殼，自然難以想像出陶器應該是什麼樣子，從0到1的時間，有時比我們想像的更漫長。

其次，陶器出現與人類的定居有很大的關係。在冰河期，人類仍不斷遷徙，每到一個地方，就搭起帳篷，去附近尋找食物。一旦周遭的動植物資源吃完了，就要動身前往下一個地方了。如果每隔一段時間就要長途跋涉一次，怎麼可能還攜帶許多笨重的陶器呢？

好累……

幾百年前的遊牧部落，大多是使用輕便的皮製容器來盛裝水和酒，而不是用笨重的器皿。這也從另一個角度印證，陶器的出現與穩定的居所有關係。

最後，還需要一個最重要的條件，就是擁有足夠多的能量。燒陶需要很多木材，如果人類可用的燃料匱乏，只夠用在寒冷的夜晚中取暖，那就不可能額外還去燒製陶器。此外，燒製陶器是既辛苦又耗時的事情，只有到了人類無需每天為食物發愁時，才有閒暇的時間和足夠的精力去製作陶器。

隨著人類不斷進步，獲取能量的效率逐漸提高。到新石器時代，人類已經廣泛使用陶器了。

在發明了石製工具、武器和毛皮衣服等手工製品後，人類又發明出陶器，它不僅改變了原有材料的物理形狀，還經由化學反應，將一種材料變成了另一種模樣。從科技的角度

陶器是用黏土或陶土經捏製成形後，燒製而成的器具，在古代一般做為日常用品。

辛苦的原始陶瓷廠廠長

看，陶器意義重大；對祖先來說，陶器是定居後過著穩定生活的寫照。然而，想要養活日益增加的人口，人類面臨該如何穩定生產糧食以及增加糧食產量的難題。

▶03
灌溉系統讓農田大豐收

人類開始定居生活後，主要以耕作為生，如果農田產出的糧食不足，整個部落就都要餓肚子了。

灌溉農田是豐收的基本條件，遠古的文明都是從大河流域誕生，而每條河流都有它自己的脾氣，位於不同大河流域的古文明，灌溉的方法也不相同。

在古埃及的尼羅河流域，尼羅河的洪水每年會氾濫一次，彷彿在定期滋潤土壤，當洪水退去後，尼羅河下游就自然而然形成大片肥沃的土地，耕種非常便利。

四大文明古國，
古埃及誕生於尼羅河流域，
古巴比倫誕生於兩河流域，
古印度誕生於印度河流域，
而中國誕生於黃河流域。

不同地域的環境有著天壤之別，在古埃及人享受著大自然的眷顧時，另一處誕生出古巴比倫文明的美索不達米亞平原上，農業生產卻是依賴人力引水灌溉，這就是人類最早的水利工程。

現今的西亞，氣候過於乾燥炎熱，並不適合農業發展。而在一萬年前，西亞地區的氣候比現在更溫和，但是降水量不大，不可能僅靠雨水來耕種，好在，底格里斯河與幼發拉底河的河水可以用來灌溉；於是從西元前6000年起，生活在那裡的蘇美人，就開始修建水利設施來灌溉農田，兩河流域也成為最早孕育農業文明的搖籃。

現在我們依然能夠在這個地區看到某些五千年前建造的灌溉系統，是目前所發現世界上最早的大規模水利工程。

這些水利工程設計得頗為巧妙，蘇美人在河邊修建水渠引水，在水渠的另一頭修建盆形的蓄水池，然後再用類似水車的裝置汲水，灌溉周圍的田地。

由於農業生產非常依賴水利灌溉，蘇美城邦的統治者更是強制農民維護這些水

美索不達米亞平原位於西亞的底格里斯河與幼發拉底河之間（兩河流域），在現今的伊拉克境內。
希臘語的「美索不達米亞」，意思為河流之間的地方。

利工程，後來的統治者也十分重視這項工作，所以有些水利灌溉系統，一直使用了長達上千年，甚至到現今仍在滋養這片土地，也讓今天的人們得以窺見，這漫長歷史之中的奧祕。

在水利工程的助益下，農業穩步發展，人口密度不斷增加，新的需求也呼之欲出。

▶ 04
原始的車和船

隨著農業分工更加精細，農業生產的效率不斷提高，開始促進了貨物的交換，然後漸漸發展起商業。而商業發達的前提，便是擁有良好的交通運輸工具。早在西元前 3200 年左右，聰明的蘇美人就做出了科技史上一項最重要的發明──輪子。

在相同的條件下，滾動比滑動的
方式省力得多。在石礫鋪成的道
路上運輸，一匹馬最多能馱兩百
公斤的貨物行走，但哪怕僅僅是
使用粗劣的木輪馬車（或是用皮
革做接觸面），馬都可以輕鬆拉
動一千公斤的貨物快速奔跑，效
率是原來的好幾倍。

蘇美人不僅使用輪子和車輛，他們還發明了帆船，使水上交通不再只是
隨波逐流。

依靠車輛和帆船，蘇美人擁有了
水陸兩棲的交通運輸能力，他們
沿著幼發拉底河建立了眾多商業
殖民地。隨著貨物往來交換，他
們的文化也逐漸影響到波斯、敘
利亞、巴勒斯坦和埃及。

在帆船發
明之前，
人類只能
利用人力和畜力；帆船的出現，顯示人類可以
巧妙借助大自然的力量了。人們御風遠行，為
探索大海的征途拉開了序幕。

▶05
數學的進步

講完了人類在史前的第一條線——與能量有關的科技成就，我們還需要談一談與資訊相關的科技是如何幫助人類走入文明的。

農業帶來了能量，愈來愈多的收穫固然令祖先欣喜，卻也讓他們很苦惱：掰指頭計數不夠用了，那該怎樣精確的告訴別人，這堆稻穀究竟有多少呢？

農業發展帶來的副產品便是數學的進步，尤其是早期幾何學的出現。在這個基礎上，又誕生了早期天文學。

數學是所有科學的基礎，而數學的基礎則是計數。

對現代人來說，計數和識得數字幾乎已是像本能一樣簡單的事情，小孩子都很容易知道五比三大，但遠古的人類並不清楚這些，「五」是什麼？「三」又是什麼？

原始人沒有數的概念，因為物資貧乏，他們也不懂「大數字」。美籍俄裔的著名物理學家喬治·伽莫夫在《從一到無窮大》書中講了這樣一個故事：

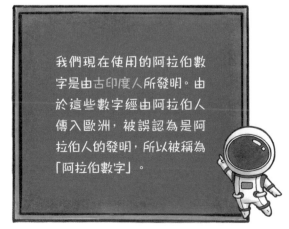

我們現在使用的阿拉伯數字是由古印度人所發明。由於這些數字經由阿拉伯人傳入歐洲，被誤認為是阿拉伯人的發明，所以被稱為「阿拉伯數字」。

兩個酋長打賭，誰說的數字大誰就贏了，結果一個酋長說了三，另一個想了很久說：「你贏了。」

對酋長來說，超過三個就籠統的被當做「許多」了，至於五和六哪個更多，他們不常用，也不清楚。

隨著現代智人部落的擴大，人數愈來愈多，往往需要互相配合，如果總是說「許多」是不行的。由於沒有數字，他們必須借助工具，最直接的計數工具是人的十根手指。當數目超過十之後，

日常生活中我們最熟悉十進位，在電腦科學中往往使用二進位，而在古代的中西方，稱量物品時都使用十六進位。

5+5= ？

可以再把腳趾用上，古老的馬雅人就是這麼做的。

當手指和腳趾加起來也不夠用的時候，十進位制便應運而生了，從個位進到十位，十位上的「1」代表十，這其實不難理解，因為我們人類長著十根手指，用十進位最方便，於是就有了10、100、1000……如果我們人類長著十二根手指，今天用的可能就是十二進位了。

兩萬多年前的人，只能將實物數量與刻度數量簡單對應；進位制出現後，人們便懂得用更大一位值的數來取代很多小位值的數（例如：十位數的1，代表的數量是十，大於個位數的9），這表示人類已經對乘法和數量單位有了簡單的認識。

阿爾塔米拉洞窟岩畫上，有風景草圖和大型動物畫像。

在數字發明的同時，人類也開始用圖畫記錄資訊。1869年，西班牙坎塔布里亞自治區的阿爾塔米拉洞窟中，考古學家發現了一萬七千至一萬一千年前的岩畫，描繪了當時人類的生活情況。

當然，如果所有事情都要畫下來，對記錄者來說太過於麻煩了，為了方便記錄資訊，圖畫情境逐漸簡化成符號，每種簡單的符號都代表一種意象，比如用波浪的符號代表水，用彎曲的符號代表月亮，這便是文字的雛形。

有了進位制的記數方式和文字雛形，人類傳遞資訊就更方便了，這為將來的書寫系統打下了基礎，可以準確傳承知識。

➡ 06
不斷演變的文字

好記性不如爛筆頭

人類吃飯是為了補充能量,而其他時間裡,我們學習、工作或娛樂,都是在與外界交換資訊。因為有語言和文字的存在,人與人之間能夠交流訊息,透過語言和文字,祖先也能跨越時空,將經驗與知識傳遞給我們。

語言使知識能夠口耳相傳,但人的記憶會出錯,掌握經驗的人如果突然去世了,他的經驗也會失傳;把知識及時寫下來可以解決這些問題,文字的出現彌補了語言的不足。

文字的出現是文明開始的重要標誌,而且文字不僅準確,還可以大範圍傳播,大大加快文明的發展。

同時代的傳播稱為橫向傳播,藉由書寫的文字將訊息傳遞給其他人。比如,告訴十個人「一起狩獵吧」,可以建立部落;而告訴一千個人「一起打仗吧」,就有可能建立城邦和國家。

不同時代的傳播稱為縱向傳播,先人把知識和各種資訊用文字記載下來,傳承給後人,這樣即使相隔了成百上千年,後人也能了解到先前的知識和成就。

遙遠的古希臘有許多科學著作,但都在中世紀的歐洲失傳了;後來,歐洲的十字軍東征阿拉伯地區,又偶然的從阿拉伯地區帶回這些書籍。

時代在變，
學習不變。

如果沒有這些知
識，就沒有文藝
復興之後科學的
大繁榮。

書寫，讓科技得以在先前的基礎上
一點一點進步，透過文字記載，我們能夠
了解過去幾千年前發生的事情。現今的我們了
解五千年前之久的古埃及，卻對美洲原住民僅一千年
的歷史知之甚少，是因為那時的美洲沒有什麼文字記載，這
顯現出書寫系統的重要性。

文字雖然加速了知識的傳遞，卻也讓社會迅速的分化。在古代，雖然
人們都能說話溝通，但會讀寫文字的人卻是少數，所以在當時，對文
字掌握的程度，尤其是書寫能力的高低，常常決定了一個人能擁有多
少知識，和在社會中可以發揮多大的
作用。

「讀書改變命運」，是一件貫穿古今
的事情。

圖畫　象形字　早期楔形字　楔形字

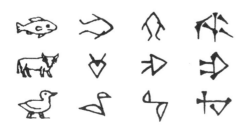

甲骨文				
金文				
小篆				
隸書				
楷書				
草書				
行書				

早期的天文學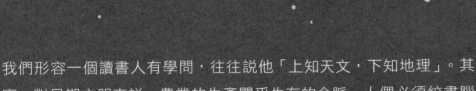

我們形容一個讀書人有學問，往往説他「上知天文，下知地理」。其實，對早期文明來説，農業的生產關乎生存的命脈，人們必須絞盡腦汁保障和提升農作物的收成，其中天文學正是重要的一環。於是，在農業發達的地區，發展了最初的天文學。

為了準確預測尼羅河洪水襲來和退去的時間，古埃及人開創了早期的天文學，制定了早期的曆法，他們觀測天狼星和太陽的相對位置，以此判斷一年中的時序和節氣。

古埃及人的曆法中沒有閏年，他們認為每年都是三百六十五天。實際上，真正的地球年（地球繞太陽公轉一周）還比三百六十五天多出四分之一天，所以後來訂定出每四年一次的閏年。

古埃及的「大年」（天狼星週期）非常長，每過1460個現代天文上的地球年（等同於1461個古埃及地球年），太陽和天狼星才會回到一樣的位置上。雖然古埃及人的曆法沒有閏年，但他們在1460個地球公轉週期中再加入了一年，成為1461年。一個古埃及地球年=365天，一個天文地球年=365.24~365.25天，而365.25×4=1461，1461正好是地球四年的天數，也就是說，等同於我們現代曆法中每四年加入一天，產生一個閏年。

因此，如果按照古埃及曆法的年份來耕種，過不了幾年，節氣就不對了。而太陽系由於跟天狼星距離很遙遠，肉眼來看，彼此相對的位置幾乎是固定不變，因此，地球在太陽軌道上每年轉回到同一個位置時，所看到的天狼星也是在相同的位置上。古埃及人就用這種方法校正每年的農耕時節。當天狼星和太陽一起升起時，則是古埃及新年的開始。

古巴比倫人在天文學上的一大貢獻是，發明了天文學中「坐標系統」的雛形，他們把天空按照兩個維度，劃分成很多區間；後來，古希臘人在這個基礎上發展出緯度和經度，這也源自於古巴比倫人把圓周劃分成三百六十度。而除了天文學的研究所需，人類的城市建設和農業生產，也孕育出幾何學。

▶08
幾何學的起源

幾何學的發源地也在古埃及和美索不達米亞。大約在六千至五千年前，古埃及人逐步總結出，各種幾何形狀的長度、角度、面積、體積的度量和計算方法，在建造金字塔時，他們已經具備非常豐富的幾何學知識。著名的胡夫金字塔，就留下了很多有意思的數字，這表明，古埃及人在四千五百多年前就掌握了畢氏定理（畢達哥拉斯定理），並且圓周率的計算很精確，誤差只在0.1％左右，另外古埃及人還懂得三角函數中仰角正弦和餘弦的計算方法。

畢氏定理，在平面上的一個直角三角形中，兩條直角邊的長度的平方，相加起來會等於斜邊長度的平方。中國古代稱直角三角形為勾股形，直角邊中較短者為勾，較長者為股，斜邊為弦，所以畢氏定理也被稱為勾股定理。

等腰三角形從頂點畫下的垂直線，平分底邊。

BO=CO

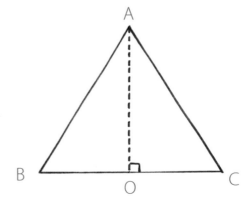

同時期發展出幾何學的還有古巴比倫王國，在他們留下來的大約三百塊泥板上，記載著各種幾何圖形的計算方法，比如在平面幾何這方面，他們掌握了正多邊形邊長與面積的關係；尤其對直角三角形和等腰三角形也有深入了解，並

知道計算兩者面積的方法。他們知道相似的直角三角形的對應邊，彼此是成比例的；等腰三角形從頂點畫下的垂直線，平分底邊。古巴比倫人甚至計算出了 $\sqrt{2}$ 的近似值，雖然他們不知道這是一個「無理數」（小數點之後的數字有無限多個）；他們也了解三角學知識，並留下了三角函數表；在立體幾何方面，他們已經知道各種柱體的體積等於底面積乘以高。

計算柱體的體積也難不倒古巴比倫人

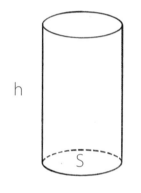

圓柱體體積＝底面積 × 高

這些早期的探索，為後來幾何學的發展奠定了基礎。

因為人類的謀生技藝不斷累積和進步，漸漸的，只要一部分人做工作就可以養活所有人了，這時，少數人就能夠從體力勞動中解放出來，專門從事藝術、科學和宗教活動。

短期來看，這些人好像只是平白的消耗能量；但是從長遠來講，他們在科學研究方面取得的成就，尤其是在天文學和幾何學上，對農業生產以及後來的城市建設都有很大的幫助。

第三章

農耕文明

農耕為人類提供了穩定而豐沛的食物，當人口數量和密度達到一定規模的時候，就出現了城市。城市是手工業和商業的聚集地，而且快速推動科技的進步──從舒適的衣服到寬敞的住所，從精美的飾物到細緻加工的食物。在這一章，我們就從糧食開始，看看哪些科技推動了城市的發展。

▶ 01

吃不飽，怎麼辦？

在農業時代，文明的發展很依賴人口數量。如果人口不到一百萬，那麼，它可能就沒有足夠的人力去修建萬里長城或是金字塔，也無法掌握成熟的冶煉金屬技術。因為大部分人都被束縛在土地上從事農業，只有很少比例的人做其他工作，比如手工業和建築業，而從事科學和技術發明創造的人就更少了。

要維持大量的人口，生育不是問題，但糧食卻是大問題。想要有更多收穫，就需要更多的人來耕種，而更多的人就又需要吃更多的糧食，這似乎是一個自相矛盾的困局。唯一的解決方法就是提高農業技術水準。

假設一個人原本只能生產一堆糧食，當農耕技術提高後，一個人就可以生產出兩堆糧食，這樣一來，只需少量的人勞動來養活所有人。

當農業生產有重大革新變化，迅速發展時，我們稱為**農業革命**。嚴格來講，人類從史前至今發生了四次農業革命，這裡要講的是第二次農業革命。

第一次農業革命，是史前時期，從採集到耕種的突破；第二次農業革命，是人類定居之後，金屬農具的出現；第三次農業革命，是十七至十九世紀，機械農具的出現；而第四次農業革命，是十九世紀末到二十世紀六〇年代，有大量機械化、電氣化和化學肥料的使用。

農業豐收離不開灌溉。早期的文明都靠近大河，有比較充足的水源，但是想要保持豐收，水利工程和灌溉依然必不可少。雖然最早的水利工程出現在美索不達米亞平原，但是對文明影響時間更長的，可能要數中國戰國時期修建的鄭國渠和都江堰了。

鄭國渠的修建過程充滿戲劇性。根據《史記・河渠書》記載，戰國時期，弱小的韓國聽說自己的鄰居——強大的秦國要攻打過來，就想辦法破壞秦國的進攻計畫。

於是，韓國決定表面上幫助秦國，派出一位名叫「鄭國」的水利專家。鄭國對秦王說，秦國極有必要開鑿一條從涇水到洛水的渠道，把涇河水向東引到洛河，用以灌溉田地。

現今，中國最大的水利工程是長江三峽水利樞紐工程，它具有防洪、航運、發電等諸多功能。

實際上，韓國打著自己的如意算盤，這條水渠長達三百多里，是十分浩大的工程，秦國若傾全國之力修建這項水利工程，就沒有餘力攻打韓國了。

然而，工程進行到一半，秦王就識破了這個陰謀，並想殺掉水利專家鄭國。但鄭國似乎早就準備好了應答之詞，說：「我當初確實是奸細，但是水渠若修成，對秦國確實有好處啊。」秦王覺得他說的有道理，工程中止確實是個損失，就讓他把水渠修建完。

工程完成之後，水渠灌溉了四萬多頃田地，關中平原成為肥沃之地，秦國也因此富強，最終吞併了六國。因此，秦國將這條渠命名為鄭國渠。

而中國歷史上最著名的水利工程，當數戰國時期李冰父子修建的**都江堰**。

都江堰造就了天府之國

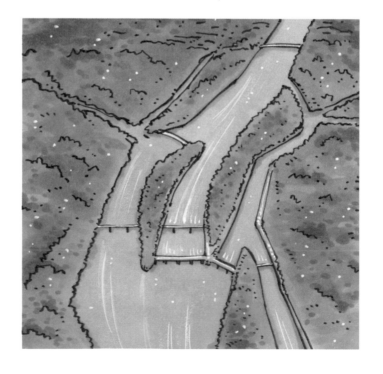

西元前316年，秦國的大將司馬錯，滅了古蜀國（在現今的四川省），並把那裡設為秦國的一個郡。古蜀國當時不僅經濟文化落後，而且自然條件差，境內的岷江經常氾濫，完全不像後來的四川有天府之國的美名。

西元前256年，也就是蜀國被秦國吞併的六十年後，李冰任蜀郡太守，他和兒子一同設計並主持建造了舉世聞名的都江堰。都江堰位於四川省成都北部，把岷江從中間分成了內江和外江，它具有交通、防洪和灌溉等綜合功能，一舉多得，在當時是世上首屈一指的工程，展現極高的技術水準。

都江堰不僅讓當時的秦國生產足夠的糧食而可征戰四方，更對後世有長遠影響，它在中國歷史上是澤被千秋的民生工程，一直使用至今。

水利工程解決了乾旱與水災的難題，但想要豐產，還少不了農具和牲畜的力量。人類最早使用的農具是**挖掘棒**，其實就是一根削尖頭的棍子；之後在挖掘棒的基礎上，發展出木犁，可以用來翻動土地。

雖然我們看到的古代耕田圖，都是用牛或者馬牽引犁來耕地，但是最早拉犁的應該是人。然而，人力所能提供的動力非常有限，一個成年男子勞動一天，平均只能提供不到0.1馬力的動力，而牛則可以長時間提供高達0.5～0.6馬力的動力，於是，人類就大大仰賴畜力（主要是牛）來耕田。

人類使用畜力耕作的歷史很長

早在一萬零五百年前，甚至更早之前，生活在小亞細亞的人類就馴化了牛。雖然他們最初是為了獲得牛肉、牛奶和牛皮等，但後來人們發現，讓強壯的牛來耕作更值得。在古埃及留下的耕田圖中，也看到古埃及人使用牛隻協助工作。

當然，人類的文明不僅需要動力，在運輸和戰爭的時候還需要速度。在將近六千年的時間裡，馬都是速度的代名詞。在中東、伊朗高原和古埃及地區，馬車最早是運用在軍事上，可以讓軍隊遠途作戰。不過當時被馴化的馬兒數量有限，非常珍貴，所以一般不會用來做體力活。

> 後來，人們讓馬和驢雜交生出騾子，牠也成為耕田的好選擇，這種動物身體強壯，但是無法生育後代。

古埃及馬車

想要促進農業發展，必須提高「使用能量」的效率，說得更明白點，是指提升產能和產量，以及土地利用效率，而種植技術便是重要的一環。

如果你去過農田間，大概會見到一排排的田壟，形成高低起伏的樣子，成

排的農作物種植在高起的壟上,而壟與壟之間會有溝,人們穿梭田間時,就從這些狹小的溝裡走過,才不會踩到農作物,這便是中國人發明的「壟耕種植法」。

流傳了數千年的壟耕種植法有諸多好處。第一,這樣種植整齊且保有間距,農作物之間不會互相爭奪養分,利於吸收太陽光;第二,利於農民通行田間,同時也有助於通風,因農作物成熟時會散發出一些化學物質,若累積不散,很容易使作物腐爛;第三,田間管理比較省力,農民在除草和除去多餘幼苗時,走在溝裡就不會踩傷作物;第四,水往低處流,有了小溝,便於灌溉和排水,省水又省力;第五,牲畜耕田的時候,走直線效率最高;第六,土地是需要休息的,農作物收成之後,要用犁來翻土,形成壟的土自然而然被翻到兩邊,這樣,壟變成了溝,而原先的溝又變成了壟,下次種植在新壟上的時候,舊壟處的土地就可以短暫的休息了,就像我們拎著重物時會輪流換左右手一樣。

種植技術的發展,提升了單位土地面積的產量,而畜力的應用,提升了每個人可以耕種的土地面積,一個人可以產出更多糧食,這顯示使用能量的效率提高了,因此文明就會向前發展。

▶02
青銅與鐵

在農業文明初期，伴隨著農業技術的發展，人類還掌握了另一項重要的技能——冶金技術。冶金技術出現，既大幅提升了農耕效率，又推動了大規模的城市建設。

對生活在早期文明階段的人來說，冶煉金屬是非常複雜，而且需要耗費大量人力、物力的事情。首先，人們需要一個堅實好用的爐子，準備足夠多的燃料，並且要有能力匯聚這些能量，才能使爐子的溫度提升到足夠高溫。其次，人們需要尋找礦石，開採礦石之後，還得有能力把這些礦石運回來。最後，人們需要掌握冶煉金屬的技藝，知道應該將什麼和什麼放在一起、加熱到什麼程度。這些對古人來說，都是一個個有待克服的難題。

除了天然的黃金，早期的金屬器以銅製品為主，因為冶煉銅所需要達到的爐溫相對比較低。當時的銅器分為兩種：一種是黃銅，它的冶煉溫度超過攝氏900度；另一種是我們較熟悉的青銅，冶煉溫度大概在攝氏800度，青銅更容易冶煉，也具有更高的強度。

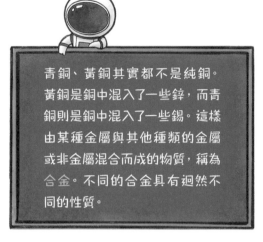

青銅、黃銅其實都不是純銅。黃銅是銅中混入了一些鋅,而青銅則是銅中混入了一些錫。這樣由某種金屬與其他種類的金屬或非金屬混合而成的物質,稱為合金。不同的合金具有迴然不同的性質。

所以,雖然黃銅出現得早,但在人類進入文明時代之後的很長時間裡,青銅器才是人們主要使用的金屬工具。當然,在歷史上,青銅是非常貴重的,早期只能用做裝飾品、禮器和貴族使用的器皿,後來才用於打造兵器。

在商代,中華文明的青銅器製作達到第一個高峰,從商代流傳下來的**后母戊鼎**(原稱為司母戊鼎),製作水準一點也不會比後來周代的青銅器差呢。在同一時期或稍早期的古埃及,也出土了各種青銅器,其中製作品質最好的是一批銅製樂器,類似長號,但從規模到水準,都比不上后母戊鼎。

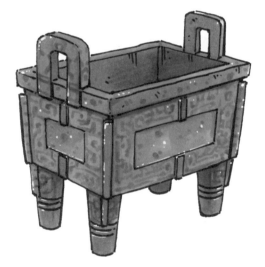

后母戊鼎是現存重量
最重的商代青銅器

不過,青銅在商代非常珍貴,無法廣泛用於武器製作,更不要說製作農具了。到了周代之後,青銅才開始大規模生產。春秋戰國時期,青銅器成為普及的兵器,製作水準已經達到巔峰。

青銅器雖然好,但強度不如後來的**鐵器**。而冶鐵比冶煉青銅難得多,首先,冶鐵需要將爐溫升高到攝氏

1965年，湖北省荊州市出土了「春秋越王勾踐劍」，劍首（劍柄頂部）
為圓箍形底座，內部鑄了十一環同心圓，每環間隔只有0.2毫米；劍身
上布滿了規律的黑色菱格暗紋，正面有鳥篆銘文；劍格（劍柄與劍身
之間的部位，又稱護手）正面鑲有藍色玻璃，背面鑲有綠松石。這把
精美的兵器代表了當時青銅器製作的最高水準。

1300度以上，遠高於冶煉青銅的難度。其次，冶鐵的工藝很難掌握，
材料調配的比例過多或過少，或者沒有控制好溫度，都有可能煉出無
用的鐵渣，而不是有用的生鐵。

氧化鐵是鐵礦的主要成分，
在高溫之下，木炭可以把氧化
鐵轉化成生鐵（還原反應）。

最早的鐵器大約來自西元前
1800年的小亞細亞地區（土
耳其境內），生活在此的高加
索部落，從礦石中煉出了鐵，
他們甚至製造出類似高碳鋼這
樣的鐵器，
只不過數量

非常稀少，所以對文明的影響微不足道。

一旦一個文明掌握了冶煉青銅甚至生鐵的技術，就打
開了新世界的大門，可以實現許多原來難以做到的事
情，比如燒製出高品質的陶器和磚瓦。

冶金水準可做為早期文明程度的一把尺，當了解某個
文明的金屬時代開啟的時間，以及金屬工具的普及程度，就可以推測
這個文明發展的時間，以及文明的發展水準。

➡03
解鎖紡織技能

進入農耕文明之後，人們提升耕種技術，興建水利工程；掌握冶金術後，又開發了新農具，農民產出的糧食一天比一天多，甚至已達到自身消耗的數倍到數十倍。

同時，人們的需求也變得豐富多樣，除了吃飽，人們還需要**穿暖**，因此就產生了社會分工，一部分人脫離生產糧食的工作，專門從事其他行業，例如紡織業。

自從人類穿上衣服、褪去體毛之後，「服裝」就成為人類生活的必需品。告別了不夠舒適的獸皮後，人類早期的服裝是像編竹筐和涼蓆那樣，用樹葉、樹皮等編織出來的。而真正的紡織物則是要透過紡織器具來製作。

大約在西元前 3500 年，美索不達米亞人開始用羊毛線紡織衣裳；大約在西元前 2700 年，中國人開始利用蠶絲紡織絲綢製品；大約在西元前 2500 年，印度人和秘魯的印第安人開始紡織棉布。

也就是說，距今大約 4500 年前，居住在發展比較先進地區的人們，已經穿上各種紡織衣物了。

無論紡織用的是動物性的羊毛、蠶絲，還是植物性的棉麻，從本質上講，都經過能量的轉換。羊和蠶把牠們吃下的食物能量，變成身上的纖維；農夫透過種植棉花得到纖維，這些都要付出能量，而且轉換的效率極低。因此，能製造出多少紡織品，也體現了一個文明的水準。

我們知道，中國的絲綢舉世聞名。在工業革命以前，中國的紡織業一直領先世界，中國人不僅發明了養蠶和絲綢紡織技術，而且最早發明、使用腳踏紡織機。

這當然得益於中國發達的農業，使得婦女可以有足夠的時間專門從事紡織，實現「男耕女織」，因而使得中國的紡織產業發展為很大的規模。相比之下，歐洲中世紀的婦女要從事很多農牧業勞動，以及製作麵包和釀酒等許多雜活，直到十字軍東征之前，都沒有發展出規模太大的紡織業。

唧唧復唧唧～

説到中國的紡織業，就必須提到對紡織貢獻極大的發明家**黃道婆**（約1245年生）。她生活在南宋末年到元代初年的松江府（現今的上海市）。由於家庭貧苦，她在十多歲時被賣為童養媳，後來不堪夫家虐待，隨著黃浦江海船逃到了崖州（現今的海南島），然後從當地的黎族人那裡，學到新的紡織技術。幾年後，她回到故鄉松江烏泥涇，製

黃道婆是「衣被天下」的女紡織家

編出來的衣服和紡織出來的衣服有什麼差別呢？簡單說，是織毛衣和織布之間的差別。紡織機製作出來的縱橫交織的布料，可縫製成衣服。當紡織機出現以後，才能大規模的生產布料。

成一套「扦、彈、紡、織」的工具，提高了紡織效率，並且將技術教給當地婦女。從此，松江的紡織業開始蓬勃發展，直到晚清，那裡都是中國紡織業的中心。

人除了穿衣服還要吃飯，而盛器和容器在人類早期生活中也扮演著重要的角色。

英文 china 是瓷器的意思

▶04 瓷器與玻璃

我們在前面提過，陶器是最初的容器，但是陶器的缺點很多，比如容易滲水、不耐火、容易破碎、笨重等；但像是銀器和銅器等金屬器皿又太昂貴，一般人家用不起。人類需要廉價且方便的容器，最終，中國人發明出**瓷器**，而中東和歐洲人發明了玻璃器皿。

瓷器在中國發明出來有很多偶然的因素，但又是必然的結果。因為燒製瓷器需要高嶺土★、足夠的爐溫和上釉技術，這些條件在古代只有中國具備。

精美的瓷器就從瓷窯裡產生

中國的上釉技術是自行發展出來的。東漢末年，中國陶器的燒製溫度普遍達到攝氏1100度以上。在這個溫度下，發生了一次意外。

在某一次燒窯過程中，熊熊的火焰燃燒著，窯溫在攝氏1100度以上，燒窯的柴火灰燼偶然落到陶坯的表面，與炙熱的高嶺土發生化學反應，在高嶺土陶坯的表面形成了「釉面」。這種上釉方法後來稱為自然上釉法。

自然上釉法做出的瓷器並不美觀，但是窯主和製陶工匠很快就發現，這種釉可以防止陶器滲水；另一方面，這種靠自然上釉做出彩陶的完成率實在太低。中國工匠的過人之處在於，他們很快找到了產生這種意外的原因：柴火灰濺到了高嶺土的陶坯表面。既然柴火灰可以讓陶坯包上一層釉，何不在燒製前，主動將陶器浸泡在混有草木灰的石灰漿裡面呢？歷史上雖沒有記載是哪一位陶工或者什麼地區的人最先想到這個好辦法，但最終結果是，中國人發明了一種可操控的上釉技術——草木灰上釉法。

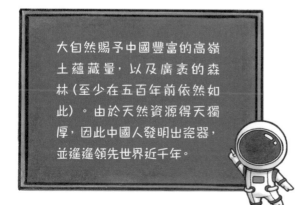

大自然賜予中國豐富的高嶺土蘊藏量，以及廣袤的森林（至少在五百年前依然如此）。由於天然資源得天獨厚，因此中國人發明出瓷器，並遙遙領先世界近千年。

★編註：高嶺土的質地細膩、顏色潔白、耐高溫，可燒製成瓷器。

要一面吹、一面旋轉才能讓玻璃成形。

吹製玻璃的方法是由古巴比倫的工匠發明的，只不過最初的技術可能來自往返於沙漠的商人。他們發現，將沙子和蘇打一起加熱到攝氏1000度時，就會變成半透明的糊狀物，當它冷卻下來，就可以在物體表面形成一層光滑透明的物質，這就是**玻璃**。

玻璃屬於青銅文明的產物，它的製作不需要很高的爐溫，所需的總能量也比瓷器低很多。兩者相比較，瓷器的製作難度高於玻璃。在古代，只有中國這樣一個整體文明程度很高、植被覆蓋豐富的地方，才有可能大量生產瓷器，而玻璃則幾乎出現在每一個早期文明之中。

無論是玻璃還是陶瓷，後來都不僅僅做為容器使用了，陶瓷成為廣泛應用的材料，而玻璃製品成為科學實驗中必不可少的工具。玻璃和陶瓷是隨文明誕生的產物，也是後來文明發展的推進器，它們的廣泛應用，也正是城市繁榮興盛的象徵。

↦ 05
城市出現了

如果一個部落的人口太少，力量就會十分薄弱，這將很難改變周圍環境，更別說建造城市了。人口不足千人的部落，連一般的自然災害都很難抵禦，隨時有可能面臨滅亡。當告別洞穴生活後，人類會選擇什麼樣的環境聚集繁衍呢？

靠近水源、適合農耕的平原地帶，往往會率先形成許多人聚集的村落，在這裡，人們有了餘糧，進而孕育出手工業和商業。社會的分工也愈來愈細，並且出現了社會階層與管理組織，一些大的村落和聚居點便發展為城市。

美索不達米亞的烏魯克，是迄今為止所發現最早的城市，它位於幼發拉底河下游的東岸。在西元前4500年，烏魯克就有人居住，並且建造了圍牆。但是烏魯克稱得上城市，則是在一千年後，即便如此，距今也已經有五千五百年。烏魯克城規模並不大，早期的面積只有一平方公里左右，人口約數千人，人口密度比現今中國的北京市還要高。在

烏魯克城

烏魯克的鼎盛時期（西元前2900年），城市面積已經擴大到六平方公里，人口多達五萬至八萬人，這可能是當時世界上最大的城市。

城市出現的意義非常重大，因為伴隨城市出現的是社會等級的劃分，以及隨後出現的政府。職業官吏和神職人員組成上層社會，他們統治整個城市，也產生了政府的雛形，它一邊向平民徵稅，一邊徵用勞動力修建公共工程，為城市運轉提供基礎設施。

隨著城市的建設，自然會發明出新的建築材料，例如水泥。雖然古埃及人發明了灰漿類的黏結劑，但是這種黏結劑的強度不夠高，不足以支撐建設高大的宮殿房屋，因此，無論是大金字塔還是雅典的帕德嫩神廟，實際上都是用「堆」或者「搭」成的，而非「砌」成的。到了古希臘後期或者古羅馬時期，歐洲人才發明出古代真正意義上的水泥，它是用石灰和火山灰混合製成的，而且強度和抗滲水性與現今的水泥相當。

金字塔是「堆」出來的

水泥的發明和使用，讓「大規模並且較低

羅馬萬神殿

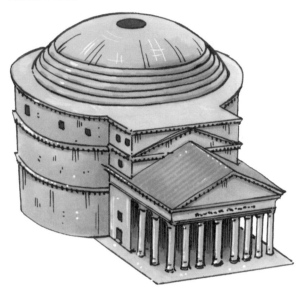

成本的建造城市」成為可能。現今，我們能夠看到古羅馬帝國的各個地區，都保留下來大量西元前的建築遺跡，從羅馬萬神殿和競技場，到法國的嘉德水道橋，再到小亞細亞的諸多圓形劇場，都要歸功於水泥的發明。

城市化是文明的標誌，也是結果。只有當人類能夠獲取足夠多的能量、養活大量的非農業人口時，城市化才能開始。而當城市出現之後，科技的發展，特別是科學的發展，也會加速。

城市承載著人們的希望，也孕育著人類的未來。

第四章

文明復興

人類文明史上，科學與文化的發展有兩段高峰期：一是古希臘和古羅馬文明時期，二是18世紀後的工業革命至今。在這兩個高峰之間，歐洲經歷了中世紀的千年黑暗，科技一度處於停滯狀態，甚至是衰退的。

然而同一時期，在地球的東方，阿拉伯世界與中華文明圈正欣欣向榮，經濟、文化和科技全面發展。科技從東方傳到西方，宛如漫漫長夜後黎明的曙光，幫助歐洲再次繁榮起來。這才有了中世紀之後的文藝復興，以及後來的科學大發展。

▶ 01
古希臘人的貢獻

科技離不開知識，在創造知識方面，古代早期的文明中，以古希臘人的貢獻最為突出。他們的科學成就是一個大體系，像一棵枝繁葉茂的大樹，而其他早期文明的科學成就都零零散散，像一片片飄落的樹葉。

古巴比倫人
講課給古希臘人聽

古希臘人的老師是美索不達米亞地區的民族，他們教會了古希臘人商業、書寫和科學。比較特別的是，一般地區只有一個或少數幾個民族建立文明，而美索不達米亞地區，是由很多民族先後在此建立文明，其中以新巴比倫人在科學上的成就最為突出，雖然他們統治美索不達米亞的時間不到一百年，卻創造了高度的文明。

新巴比倫人非常重視教育和科學，奠定了西方數學和天文學的基礎。而古希臘人同樣喜歡科學，並且從新巴比倫人那裡學到了很多東西，因此古希臘人稱（新）巴比倫人為「智慧之母」。

然而，做為老師的新巴比倫人，卻缺乏思辨能力和抽象的**邏輯推理能力**，他們總結出很多知識點，但沒有將知識點串聯在一起，進一步發展出成熟的科學。相反的，做為學生的古希臘人，不僅學到知識，還在這個基礎上，從經驗中提煉出理論。

古代的各個文明中，一旦發生神奇的自然現象，人們通常會迷信或者用超自然來解釋，比如創造神話和英雄。而古希臘的泰利斯是第一個提出「什麼是萬物本原★」這一哲學問題的人，他嘗試用觀察的方式和理性的思維來解釋世界。

泰利斯提出，在數學當中要用邏輯來證明命題。透過各個命題之間的關係，古代數學才開始發展出嚴密的體系。正因為如此，泰利斯被後人稱為「科學哲學之父」。

泰利斯

其實我是數學家

對科學的誕生貢獻更大的是畢達哥拉

★編註：本原的希臘語為 arche，指事物的起源或存在的根基。

斯。他出身古希臘一個富商家庭，從九歲開始就到處遊學，他先是在腓尼基人的殖民地學習數學、音樂和文學；然後來到美索不達米亞地區，跟隨泰利斯等人學習各種知識；後來又遠涉重洋，到古埃及的神廟做研究。

邏輯學中的「命題」，指的是表達判斷的語言形式，由繫詞把主詞和賓詞聯繫而成。例如：「北京是中國的首都」，「1是一個自然數」，這樣的句子。

為了慶祝發現「畢達哥拉斯定理」，古希臘人殺了一百頭牛。

中年之後，滿腹經綸的畢達哥拉斯四處講學，廣收門徒，創立了畢達哥拉斯學派，將智慧的種子播撒到希臘文明的各個城邦。

古埃及的神廟屬於高等學府，類似於中國古代的太學。

畢達哥拉斯擅長哲學、音樂和數學。說到數學，畢達哥拉斯是最早將代數和幾何統一起來的人，他經由邏輯推演得到數學結論，而不是依靠經驗和測量，這是數學從具體到抽象的第一步。在幾何學上，畢達哥拉斯最大的貢獻在於證明出畢氏定理，因此，這個定理在大多數國

從許多事物中，捨棄個別的、非本質的屬性，抽出它們共同的、本質的屬性，就是抽象，抽象是形成概念的必要手段。例如，我們生活中有各式各樣的三角形，但如何定義三角形呢？我們可以用抽象的方式來概括：平面上由三條直線所圍成的圖形就是平面三角形。

家都被稱為「畢達哥拉斯定理」。

畢達哥拉斯學派在他死後持續繁榮了兩個世紀
之久，他的學術思想深深影響了古希臘和後來
西方的眾多學者。

在古希臘時期，還有一位大師叫歐幾里得，
他總結了前人的幾何學成果，並創立了基於
公理化體系的幾何學，寫成了《幾何原本》
一書。歐幾里得對數學的發展影響深遠，後
世數學的各個分支，都是建立在公理基礎之上的。

年輕人，我這裡有一本
《幾何原本》，看一看吧？

公理是經過人類長期反覆實踐
的檢驗，不需要再加以證明的命
題，如 A=B，B=C，則 A=C。

如果說畢達哥拉斯搭建
了數學的基礎，那麼亞
里斯多德就搭建了自然
科學的基礎。他認為，
自然科學是依靠觀察和
實驗得出結論的。

亞里斯多德是物理學的開山鼻祖，提出了我們耳熟能詳的密度、溫
度、速度等眾多概念。而他最大的貢獻，在於將科學具體分類。

在亞里斯多德之前，自然科學被稱做自然哲學。可見，科學與哲學是被
混為一談的。而亞里斯多德超越了前輩，將過去的「哲學」分為三大
類：第一類是理論的科學，也就是我們現在常說的理工科，比如數學、
物理學等自然科學；第二類是實用的科學，也就是我們現在常說的文法
商科，比如經濟學、政治學、戰略學和修辭寫作；第三類是創造的科

給我一個支點，
我就能舉起地球。

學，比如詩歌、藝術等。

在古代的物理學家和數學家
中，第一位「全才」應該是阿基米德。這位智者有很多的故事，我們
最為熟悉的可能就是那句「給我一個支點，我就能舉起地球」。

這當然是一個比喻，阿基米德只是想說明，當槓桿足夠長時，用很小
的力量就能舉起很重的東
西。西元前287年，阿基
米德出生於西西里島的敘
拉古，在他出生前幾千
年，古埃及和美索不達米
亞的工匠就開始在工程中
使用槓桿和滑輪等簡單機
械了。在阿基米德時代，

槓桿、螺絲、滑輪和齒輪等都是
槓桿原理的各種應用，這些機
械可以根據人們的需要，達成省
力或節省距離的目的。

螺絲、滑輪、槓桿和齒輪等機械在生活中就已經很常見。

阿基米德發現了這些尋常的應用具有類似的特點，
他總結出這些機械的原
理，並且提出力矩（力
乘以力臂）的物理學概
念。他最早認識到「槓
桿兩邊力矩相等」這個

物體在外力作用下發生轉動時，力的
作用線與轉軸之間的垂直距離就稱為
力臂。

特性，並且用力矩的概念解釋了槓桿可以省力的原理。

從這時起，這些「乍一想差不多是這樣」的事情，似乎變得可以計算了，這便是阿基米德的最大成就，他將數學引入物理學，使物理學從定性研究升級到定量研究。

浸入靜止流體中的物體會受到浮力，浮力的大小等於這個物體所排開的流體重量。

浮力定律也被稱為「阿基米德」定律，因為他發現了浮力的計算方法。相傳，敘拉古的國王打造了一個純金的王冠，但這個疑神疑鬼的國王總覺得王冠不夠金光閃耀，懷疑金匠在王冠中摻假，於是他請阿基米德幫忙驗證。

阿基米德冥思苦想了幾天，一直找不到好方法。有一天，他在洗澡時，發現自己坐進浴盆後，浴盆水位上升了，他佔用了原來水所在的位置，也就是將水「排開」了。

尤里卡！
尤里卡！

阿基米德的腦子裡冒出一個想法：「王冠排開的水量應該正好等於王冠的體積，所以只要把和王冠等重量的金子放到水裡，測出排水的體積是否與王冠的體積相同，就能測出皇冠是否摻假。」想到這裡，阿基米德不禁從浴盆中跳了出來，光著身子跑到王宮，高喊著「尤里卡」（我發現了）。

螺旋抽水機

關於阿基米德，還有一些離奇的故事。
傳說，為了幫助埃及農民灌溉土地，他
發明了螺旋抽水機，埃及農民至今仍在
使用；面對羅馬入侵時，他召集敘拉古
城的婦女，用多面青銅鏡聚焦陽光，燒
毀了大量敵軍的帆船戰隊。

聚焦陽光燒毀戰船

歐多克索斯觀測星星

說起古希臘的科學，就一定要提及天文學。天文學並不只是躺在草地上看星星，它需要綜合運用幾何學、代數學和物理學，實際上反映了早期科學的最高成就。在希臘的古典時期，柏拉圖總結了前人的天文學成就，他的學生歐多克索斯又在這個基礎上繼續探究和總結，尤其指出了需要建立一個數學模型，來計算五大行星的運行軌跡。

文中提到的五大行星，分別是水星、金星、火星、木星和土星。這裡的「金木水火土」其實是中國人的命名方式，因古代中國講究「五行」。而在古希臘，這五大行星以神的名字來命名，分別是Mercury，Venus，Mars，Jupiter，Saturn。

到了希臘化時期，古希臘的天文學又有了較大的發展，這在很大程度上要歸功於天文學家兼數學家喜帕恰斯，他所發明的一種重要的數學工具——三角學。喜帕恰斯利用三角學原理，測出地球繞太陽一圈的時間是365.24667（365.25減去1/300）天，和現在的測量結果只差14分鐘；而月亮繞地球一周為29.53058天，也與現今估算的29.53059天相當接近，相差只有大約1秒鐘。他還注意到，地球的公轉軌跡並不是正

圓，而是橢圓，夏至的時候地球離太陽稍遠，冬至的時候地球離太陽
稍近。

在喜帕恰斯去世後的兩個世紀，羅馬人統治了希臘文明所在的地區。
古代世界最偉大的天文學家，克勞狄烏斯‧托勒密就生活在這裡。

托勒密是「地心說」的創立者。「地心說」認為，地球居於宇宙的中心
靜止不動，而太陽、月球和其他星球都圍繞地球運行。托勒密設計了一
套複雜的運算方式，繪製了《實用天文表》，以便後人查閱日月星辰的
位置。

古希臘人為世界文明的發展做出了不可磨滅的貢獻，宛如最初點亮世
界的星星之火。他們創造了科學，並且利用邏輯推理創造很多新知
識。在古希臘之後，人類科學史上的第一段高速發展時期就此落幕。
而人類再次經歷高速發展，則與造紙術和印刷術息息相關。

古希臘文明分為五個階段：第一階段是愛琴文明時代，又稱克里特、邁
錫尼文明時代（西元前 20 到前 12 世紀）；第二階段是荷馬時代（西元
前 11 到前 9 世紀）；第三階段是古風時代（西元前 8 到前 6 世紀）；第
四階段是古典時代（西元前 5 到前 4 世紀中期）；第五階段是希臘化時
代（西元前 4 世紀晚期到西元前 2 世紀中期），又稱馬其頓統治時代。

地球繞著太陽轉

➡02
紙張對文明有多重要

當掌握眾多科技發明後，人類就要想辦法把這些知識傳播和傳承下去，這需要將科技成就完整的記錄下來。早期，珍貴的知識只能口耳相傳，這樣不僅傳播得慢，還經常出錯。人們只好再花很多時間重複之前的發明，這樣科技就很難取得進步了。因此，記錄和傳播知識對文明的發展也十分重要，甚至不亞於創造知識。

最初，人們在岩洞的牆壁上記錄資訊，這讓後來的我們，能夠看到人類在一萬多年前的生活。接下來，人類又在石頭、陶器或者龜殼獸骨上記錄資訊，雖然這樣做能夠讓資訊永久保存，但對祖先來說，這些承載物實在太貴了，而且不方便資訊的記錄和傳播。

這時候，美索不達米亞的蘇美人又站了出來，他們把膠泥拍成手掌大小的平板，在上面刻上圖形和文字，然後晒乾或者用火燒成陶片。因為膠泥隨處可取，非常便宜，在上面刻寫也不麻煩，所以，這種方式在美索不達米亞迅速普及。

現今，我們依然能找到美索不達米亞各個時期所留下的大量泥板，上面記錄了各種各樣的內容——從合約到帳單，從教科書到學生的作業，

沒有學生能逃脫作業的魔爪，蘇美人也不行。

從史詩到音樂——這讓我們能夠了解當時的社會和人們的生活。

與泥板這個「老爺爺」相比，紙張就像是個「年幼的孩子」。人類使用紙張的歷史不過兩千年，但是泥板的歷史可以追溯到西元前9000年，記錄文字的歷史也超過五千年。一直到大約兩千年前，羊皮紙成了西亞和歐洲的主要記載工具，泥板才漸漸退出歷史舞臺。

但是，泥板雖然便宜，卻有兩個致命的缺點——既不容易攜帶，又容易損壞。相比之下，古埃及人發明的莎草紙（papyrus）就方便得多。

要讀成莎（ㄙㄨㄛ）草紙喔

莎草紙雖然名字裡有「紙」字，而且鋪開確實像一張紙，但是它和現今紙張的製作方法是兩回事。莎草紙更像中國古代編織的蘆蓆，當然它很薄，便於攜帶。

莎草紙極其昂貴，一般只能用於記錄重大事件和書寫經卷。使用莎草紙的時候，人們都要先打草稿，再謄抄上去，以免浪費，而普通的人家可不會用珍貴的莎草紙記錄日常生活的事情。因此，古埃及人沒能留下很多生活細節。另一方面，在美索不達米亞，因為泥板便宜，人們的日常生活就被記錄了下來。

說起莎草紙，還有一段「國際政治」和「國際貿易」的故事。

西元前300年到前200年左右，小亞細亞的小國家帕加馬（Pergamon）

愈來愈繁榮，他們的國王歐邁尼斯二世熱愛文化，聽説地中海對岸有一座偉大的亞歷山大圖書館，他也不甘示弱，決心與國民一同建造屬於自己國家的圖書館，還立志要超越亞歷山大圖書館。

當時的圖書館不僅要藏書，還要像大學和研究所，能夠吸引人才。帕加馬四處網羅人才，甚至跑到亞歷山大圖書館去挖角。經過幾代國王的努力，帕加馬圖書館終於成為僅次於亞歷山大圖書館的文化中心。

這一時期，古埃及文明正值托勒密王朝，他們的國王嫉妒帕加馬有如此繁榮的文化，決定釜底抽薪──禁止莎草紙出口。

繁榮的帕加馬

那時候，只有古埃及人能夠生產莎草紙，熱愛文化的帕加馬人不得不另想辦法。他們發現，剛出生就夭折的羊羔和牛犢的皮，經過柔化處理之後，拿來寫字，不但字跡清晰，而且經久耐磨，取放方便，於是發明出羊皮紙。

「羊皮紙」是中文說法，其實不太準確，這種紙張的原材料既有羊皮也有小牛皮。羊皮紙的拉丁文是pergamena，英文則是parchment。

相比較為脆弱的莎草紙，羊皮紙有不少優點，比如非常結實，可以隨意折疊彎曲，還可以兩面寫字，這就讓圖書從卷軸發展為冊頁書；如同在中國，紙張出現之後，圖書也從一卷一卷的竹簡（或木簡）書，變成了一頁一頁的紙書。

雖然莎草紙與羊皮紙很早就出現了，但是因為這兩種紙太貴了，一般人家都用不起，所以並沒有因此大幅提升知識的傳播速度。在過去上千年裡，全世界的知識和資訊能被迅速傳播、普及，要感謝1世紀的中國發明家蔡倫。蔡倫並不是第一個發明出紙張的人，在他生活的東漢時期，日常生活中也有墊油燈的紙，但人們不會用來書寫。蔡倫厲害的地方，是發明出可大量生產廉價紙張的造紙術。從此，在紙張上書寫不再是奢侈的事情，資訊的傳遞變得簡單起來。

蔡倫

造紙術傳向世界後，在過去千年中，為知識的記載、傳播與普及立下了不可磨滅的功勞，推動全世界的科技發展。

正因為有了造紙術，中國從東漢末年到隋唐，雖然戰亂不斷，文化卻能不斷發展。相比之下，歐洲的情況就糟糕多了，在古羅馬遭到毀滅以後，為數不多的藏書被焚毀，很多知識和技藝相繼失傳，於是，歐洲陷入了文明黑暗期。

在歐洲陷入黑暗期間，八世紀時阿拉伯帝國正在崛起。在阿拉伯人與唐軍交戰時，俘獲了一些隨軍的工匠，於是造紙術就傳到了阿拉伯帝國的大馬士革和巴格達，然後再進入摩洛哥，在11世紀和12世紀時傳入西班牙和義大利，因而在歐洲散播開來。

阿拉伯人和駱駝將造紙技術傳遞到世界各地

歐洲十字軍東征後，帶回許多阿拉伯文明的書籍，這些書籍裡不僅有阿拉伯文明的知識，還保存著已毀滅的古希臘文明的科技成就。歐洲人將這些著作重新翻譯後，又借助造紙業進行傳播，這才有了後來的文藝復興和宗教改革。

各地的造紙業出現大發展後，都「恰好」會發生重大的歷史事件。這其實並不奇怪，文明的進程常常和知識的啟蒙、普及有關，而知識的普及，離不開廉價的紙張以及印刷的廣泛使用。

➤03
從雕版印刷到活字印刷

造紙術讓知識的傳播變得簡單，而印刷術則讓傳播的速度變得更快。

從人類最早的文字出現至今，大約80％的時間裡，人們只能靠「抄書」傳播知識，一本書被手工複製成兩本、三本、四本……傳播的速度非常慢。更糟糕的是，手工抄寫很容易出錯，當筋疲力盡的抄到一百本時，很可能與原著出現天大的差別。

於是，印刷術應運而生。比起手抄，印刷又快又準確。

中國是最早發明印刷術的國家，在唐代甚至更早的隋代，就發明出雕版印刷術。所謂雕版印刷，是將文稿反轉過來攤在平整的大木板上，固定好後，讓工匠在木板上雕刻出反向文字，然後在雕版上刷墨，將紙張壓在雕版上，形成印刷品。一套雕版一般可以印幾百張，這樣書籍就能批量生產了。

不知是否巧合，雕版印刷術出現的時候，科舉制度也誕生了。雕版印刷術的出現，使知識的普及變得更快。隋唐時期文化繁榮昌盛，並且在很長一段時間裡領先世界。

刻製雕版

到了宋代，印刷業已經非常發達，印刷書坊到處可見。比如在福建的建陽，出現了當時的書商一條街，著名的理學家朱熹，對此有很詳細的記載，建陽書坊為朱熹與他的師友印刷了很多圖書。

不過，雕版印刷也有諸多缺點：它的模板並不耐用，在使用過程中很容易損壞，需要不斷更換，這就限制了大量印刷的可能性。反著刻文字也不是一件容易的事，刻錯一個字，整塊木板就會報廢。最終，活字印刷術取代了雕版印刷術，並被列入中國的四大發明之一。

北宋時期的工匠畢昇發明了活字印刷術。北宋文人沈括在《夢溪筆談》裡面記載了畢昇的事蹟，讓他成為中國歷史上為數不多留下名字的發明家。

畢昇發明的是膠泥活字印刷術，在當時是相當先進的，甚至是超越時代的，但也因為如此，他發明的這項技術，一直沒有成為中國印刷業的主流。

想用活字印刷代替雕版印刷，並不是一下子就能決定的事情，畢昇的活字印刷術也有缺點。第一，燒製的膠泥活字其實並不是同樣大小，而是存在細微區別，這些小差異導致活字難以排列整齊，印出來的書不如雕版印刷的好

膠泥活字印版

看；第二，燒製出的活字類似陶器，受到壓力後容易損毀，可能書還
沒印多少，活字就不能用了，不得不替換；第三，畢昇使用的活字是
用手工雕刻，並非大量生產，因此，除非需要印刷很多種不同的書，
否則活字印刷術的效率提升沒那麼顯著。

這些問題並沒有得到解決，所以活字印刷術沒有在中國普及。不過，
幾百年後，一位歐洲人也發明了活字印刷術，還改變了歐洲的歷史，
這個人就是約翰尼斯．古騰堡。

首先，跟造紙術類似，古騰堡最大的貢獻並不在於發明活字本身，而
是發明了一整套印刷設備，可以又快又便宜的使用活字大量印刷。其
次，古騰堡還解決了活字大小不一的問題，他成功鑄造出了樣式完全
相同的鉛錫合金活字，這項技術不僅使排版非常整潔美觀，也更有效
率。此外，古騰堡還培養了許多徒弟，他們將印刷術推廣到全歐洲。
這不僅讓圖書的數量迅速增加，而且重新開通了歐洲邁向文明的道
路，引領歐洲走出黑暗的舊世界。隨後而來的宗教改革和啟蒙運動，
也都和印刷術有關。

隨著時代的發展，專業的知識傳承與研究愈來愈重要。於是，**大學**走
入了科技發展史。

▶04
大學的誕生

中世紀時，歐洲的王與中國的皇帝可不是同一回事。他們的王權非常脆弱，地方的治安完全由大大小小的貴族和騎士把持。貴族往往是由血統決定的，即使不努力也照樣享受權利，所以，貴族既沒有精力，也沒有能力，更沒有動力從事科學研究或者發展技術，這些人甚至自己就是不讀書的文盲。

在中世紀時，從事科學研究的人是**教士**，只有他們有時間，且能看到僅存不多的書。然而，教士研究科學，僅僅是為了搞清楚上帝創造世界的奧祕，維護神的榮耀，並不是像古希臘文明那樣去探求真理。

不過，人類對於未知存在天生的好奇，雖然在黑暗籠罩下的中世紀，人們大多是愚昧的，但總還是有人不甘於此，希望了解從物質世界到精神世界的各種奧祕。他們喜歡聚在一起研究學問，**大學**就這樣產生了。

> 大學（university）一詞，起源於拉丁語universitas magistrorum，意思是「一種包括老師和學生的團體」。而早期的老師都是教士，學生則是想成為教士的年輕人，或者家裡有些財產而且本身充滿好奇心的年輕人。

世界上最早的大學是義大利的波隆那大學（University of Bologna），它成立於1088年，並且在1158年成為第一個獲得學術特權的大學。

傳道，授業，解惑

繼波隆納大學之後，中歐和西歐相繼出現了很多類似的大學，它們的規模都不大，一般只有幾名教授和幾十名學生。

1170年，巴黎大學成立，它不僅是當時歐洲最著名的大學，後來還被譽為歐洲「大學之母」，因為著名的牛津大學和劍橋大學都是由它演變而來的。

西元12世紀時，英國雖然有人興辦學校，但並沒有好的大學，所以學者和年輕的學子要穿過英吉利海峽，到巴黎大學去讀書。但是從1167年開始，英法之間的關係變糟了，巴黎開始驅趕英國人，巴黎大學也把很多英國學者和學生趕走了。

法國這樣無禮，英國也針鋒相對。國王亨利二世下令，禁止英國學生到巴黎求學。學者和學生雖被逐出了學校，但依然對知識保有熱情。於是，他們跑到了倫敦郊外的一個小城牛津繼續辦學。

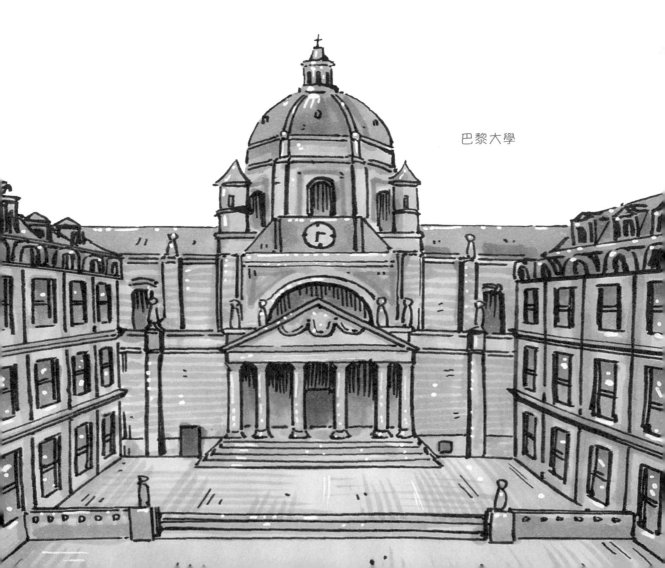

巴黎大學

牛津地區早就有學校，但還不算真正意義上的大學，直到有了這批從巴黎大學返回的教授和學生，才建立起今日我們所知道的牛津大學。

好景不長，1209年，牛津的大學生和當地居民發生衝突，一部分學生和教授離開牛津跑到劍橋，創辦了後來的劍橋大學。

有趣的是，明明在那個年代，科學與宗教水火難容，牛津師生和當地居民的衝突，最終卻是由教會調停，並得以平息的。

隨著中世紀黑暗時代的結束，一場影響整個人類社會進程的文藝復興悄然而至。

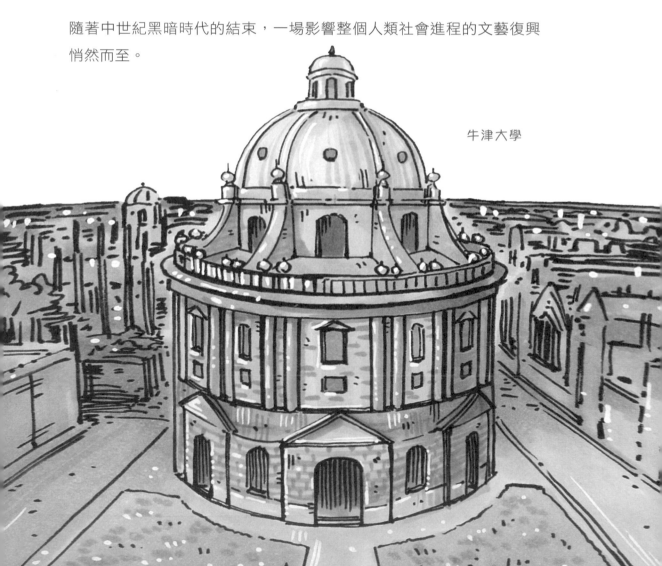

牛津大學

► 05
什麼是文藝復興

到了14世紀，漫長的中世紀終於結束了。當時，歐洲人的生活品質低下，大部分人都是平平淡淡的度過一生。雖然十字軍東征在軍事上以失敗告終，但它為歐洲人帶回了東方享樂型的生活方式。對物質生活的需求，引發了佛羅倫斯、米蘭和熱內亞地區資本主義的萌芽。14世紀中期，歐洲爆發黑死病，使歐洲人口減少了30%～60%，改變了歐洲的社會結構，讓支配歐洲的羅馬天主教，地位開始動搖。

中世紀末期（12～13世紀），歐洲絕大部分地區受到宗教權和王權的雙重壓制，讓人喘不過氣來。而佛羅倫斯則大不一樣，主導城市的是商人團體，在他們的「管理」下，佛羅倫斯的發展日益繁榮。

文藝復興（14～17世紀）始於佛羅倫斯。由於當時歐洲人從各地趕往羅馬，請求羅馬教廷的幫助，而位於托斯卡尼地區阿諾河畔的佛羅倫斯小鎮，正處於通往羅馬的必經之路上，因此發展起來。從中世紀後期直到文藝復興結束，佛羅倫斯都是義大利文明乃至整個歐洲文明的標誌。

佛羅倫斯所在的托斯卡尼地區氣候溫和，適合農業生產，而且交通便利。中世紀後期，這裡的紡織業開始興起，生產歐洲特有的呢絨（毛織品）。十字軍東征後，佛羅倫斯人又從穆斯林那裡學到了中國的抽絲和紡織技術，開始生產絲綢，於是佛羅倫斯漸漸變得富裕，影響力愈來愈

你好，我叫科西莫・麥地奇。

大，成為一個強大的城市共和國。佛羅倫斯的商人有了大量的金錢撐腰，不再做小商小販，而是成為富甲一方的社會名流。在社會地位提高之後，他們開始關注政治，提出自己的政治主張，發揮社會影響力，最後成為城市的管理者。在佛羅倫斯，有一個大家族從手工業起家，繼而成為金融家，開始為教皇管理錢財，並最終成為佛羅倫斯的大公。這個家族就叫做麥第奇，是它催生了佛羅倫斯的文藝復興。

提到文藝復興，人們通常想到的是藝術，但它其實也是科技的復興，這裡面就有麥地奇家族的直接貢獻。雖然麥地奇家族的人一直非常低調，始終保持著平民身分，但是到了科西莫・麥地奇這一輩，這個家族開始從幕後走向前臺。科西莫希望為佛羅倫斯做一件了不起的大事，替家族創造更大的影響力。

早在幼年時期，科西莫就在離家不遠處一個未完工的大教堂裡玩耍，這座大教堂在他出生前大約一百年就開始修建了，但是一直沒有完工。當時的佛羅倫斯人都是虔誠的天主教徒，他們要為上帝建一座空前雄偉的教堂，因此，規模建得特別大（完工時整個建築長達一百五十多公尺，主體建築高達一百一十多公尺）；然而，修建這麼大的教堂不僅超出了佛羅倫斯人的財力，而且超出了他們當時所掌握的工程技術水準。等到當地人用了八十多年才修建好教堂四周的牆壁之後，他們才意識到，沒有工匠知道如何修建它那巨大的屋頂……於是，這座沒有屋頂的巨型建築就留在那裡了。

科西莫長大後，希望為這座大教堂裝上屋頂，讓這座有史以來最大的教

堂成為榮耀其家族的紀念碑，可是這談何容易。雖然早在一千多年前，古羅馬人就掌握了修建大型圓拱屋頂的技術，並且建造出直徑四十多公尺、高六十公尺的萬神殿，但是這項技術在中世紀時失傳了。所幸，在偶然的機緣下，科西莫找到了一些古希臘、古羅馬時期留下的經卷和手稿，裡面有很多機械和工程相關的圖紙，以及各種文字描述。從此，科西莫不斷搜集類似的手稿。

圓屋頂就交給我吧！

接下來，他需要找到一個人，用古羅馬人已經掌握的工程技術來設計和建造大教堂的屋頂，最終，科西莫發現了這樣一個天才，布魯內萊斯基。在科西莫的資助下，布魯內萊斯基採用古羅馬萬神殿的拱頂技術，開始建造大教堂的頂部。經過共同努力，大教堂的拱頂終於完工了，前後花了長達十六年的時間。從1296年鋪設這座大教堂的第一塊基石開始算起，到1436年整個教堂完工，前後歷時一百四十年。在教堂落成的那一天，佛羅倫斯的市民如潮水般湧向市政廣場，向站在廣場旁邊的烏菲茲宮（現今的烏菲茲博物館）頂樓的科西莫祝賀。

這座教堂不僅是當時最大的教堂，也是文藝復興時期第一個標誌性建築，教皇尤金四世（Eugunius PP. IV）親自主持了落成典禮。這座教堂以聖母的名字命名，中文翻譯為「聖母百花大教堂」。但是，在佛羅倫斯，它有一個更通俗的名字——Duomo，意思是大教堂。科西莫和布魯內萊斯基用「復興」這個詞來形容這座大教堂，因為它象徵著復興了古希臘、古羅馬時期的文明。

布魯內萊斯基是西方近代建築
學的鼻祖，他發明（和再發
明）了很多建築技術。幾十年
後，米開朗基羅為梵蒂岡的聖

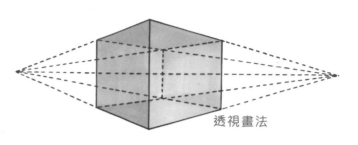

透視畫法

彼得大教堂，設計了與聖母百花大教堂類似的拱頂，這樣的大圓頂建
築，後來遍布全歐洲。布魯內萊斯基還發明了在二維平面上表現三維
立體的透視畫法，今日的西洋繪畫和繪製建築草圖都採用這種畫法。

從科西莫開始，麥地奇家族的歷代成員，都支出鉅資供養學者、建築
師和藝術家。他的孫子羅倫佐·麥地奇後來資助了米開朗基羅和達文
西，而羅倫佐的後代則資助並保護了伽利略。如果沒有這個家族，不
僅佛羅倫斯在世界歷史上不會留下重要的痕跡，就連歐洲的文藝復興
也要晚很多年，而且形態也將截然不同。

科西莫開創了一個新時代，科學、文化
和藝術從此在義大利乃至歐洲開始復
興。同時，人文主義的曙光開始出現。

聖母百花大教堂

▶06 「日心説」突出重圍

文藝復興之後，出現了科學史上第一個震驚世界的成果——日心説。

地心説　　　　　　　　　　日心説

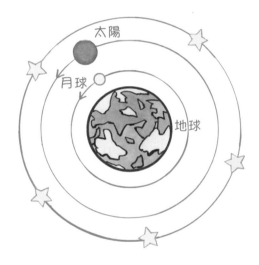

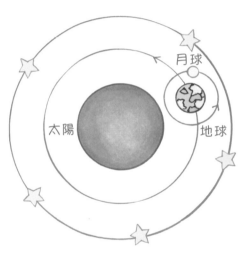

哥白尼侍奉著神，但信服真理。

以托勒密「地心説」為基礎的儒略曆，經過一千三百多年的誤差累積，已與地球繞太陽運動的實際情況相差十天左右，若用這個曆法指導農務時節，經常會誤事。因此，制定新的曆法迫在眉睫。1543年，波蘭的教士哥白尼發表《天體運行論》，提出了「日心説」。雖然早在西元前300多年，古希臘哲學家阿里斯塔克斯已提到「日心説」的猜想，但建立起完整「日心説」數學模型的是哥白尼。

身為一名神職人員，哥白尼非常清楚，他的論點，對於當時已經認定地球是宇宙中心的天主教來說，無疑是一顆重磅炸彈，因此，他直到去世前才發表自己的著作。不過，這在當時並沒有引起什麼軒然大波，直到半個多世紀後有了變化。

有一位義大利神父，迫使教會不得不在「日心說」和「地心說」之間做出選擇，他就是焦爾達諾·布魯諾。在亞洲地區，布魯諾多次出現在中學課本而家喻戶曉，他因支持「日心說」而被教會處以火刑，成為堅持真理的化身。雖然上述都是事實，但是這幾件事加在一起，也不足以說明「教會因為反對日心說，於是處死了堅持日心說的布魯諾」。真相是，布魯諾因為泛神論觸犯了教會，同時到處揭露教會的醜聞，最終被視為異端而處死。布魯諾宣揚泛神論的工具，正是哥白尼的「日心說」，這樣一來，「日心說」也就連帶被禁止了。

應該說，布魯諾是一個很好的演說家，才令教會這麼懼怕他。但是，科學理論的確立，靠的不是口才，而是事實，因此，布魯諾對於確立「日心說」沒有多大作用。

第一個根據事實說話，支持「日心說」的科學家是伽利略。1609年，伽利略自己製作了天文望遠鏡，新發現了一系列

伽利略和他的天文望遠鏡

忽遠忽近、若即若離的行星軌道

行星

近日點 | 另一個焦點 | 遠日點

太陽

行星軌道

可以支持「日心說」的天文現象，包括木星的衛星體系、金星的滿盈現象等。這些現象只有用「日心說」才能解釋得通，靠「地心說」根本解釋不通。這樣一來，「日心說」才開始被科學家接受，而被科學家接受便是被世人接受的第一步。

幾乎與伽利略同時代，北歐的科學家第谷和他的學生克卜勒也開始研究天體運行的模型。最終，在第谷幾十年觀察資料的基礎上，克卜勒提出了著名的**克卜勒三定律**，指出「日心說」的橢圓

克卜勒第一定律，也被稱為橢圓定律、軌道定律。每一顆行星沿著各自的橢圓軌道環繞太陽，而太陽則處在橢圓的其中一個焦點上。

克卜勒第二定律，也被稱為面積定律。太陽和運動中的行星的連線，在相等的時間內，所掃過的面積是相等的。

克卜勒第三定律，所有行星軌道的半長軸的三次方，跟公轉週期的二次方之比值都相等。

軌道模型，用一根曲線將行星圍繞恆星運動的軌跡描述清楚了。克卜勒的模型如此簡單易懂，而且完美吻合了第谷的觀測資料，這才讓大家普遍接受「日心說」。

不過，克卜勒無法解釋行星圍繞太陽運動的原因，更無法解釋為什麼行星圍繞太陽運行的軌跡是橢圓的。這些問題，要等偉大的科學家牛頓去解決。

第五章

科學啟蒙

17世紀之前的歐洲，還沒有很多科學家，科學上的成就也僅僅是提出了「日心說」。而到了17世紀之後，歐洲的科學猶如重現了古希臘文明的榮光，再次迎來大爆發。接下來的一個世紀，是整個歐洲的啟蒙時代。

是什麼原因促使科學大爆發？除了政治、經濟的原因，另一個因素是，上一章提到的造紙、印刷等技術的出現，使資訊傳播更加通暢。此外，還有一個重要因素，那就是發展出有系統而且有效的科學研究方法，這要感謝法國的數學家兼哲學家笛卡兒。

▶01
站在巨人的肩膀上

牛頓說：「我之所以看得遠，是因為我站在巨人的肩膀上。」牛頓口中的這位巨人就是笛卡兒。

大家對笛卡兒的首要印象，是個偉大的數學家，因為他發明了「解析幾何」，這已經是一件很了不起的事情了。

數學家也是很浪漫的，看看這美麗的心形線！

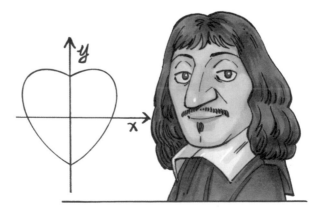

代數與幾何，一邊是數，一邊是形，竟然透過解析幾何完美的結合在一起，成為連接初等數學與高等數學的橋樑。牛頓說他站在巨人的肩膀上，就是指他在解析幾何的基礎上發明了**微積分**。不過，這句話除了肯定笛卡兒在數學上的傑出成就，還有更深的含義。

> 與牛頓同時期的萊布尼茲也發明出微積分。當時曾有許多爭論，探討這項開創式的發明到底應該歸屬誰？現在人們一般認為，是二人同時發明了微積分，畢竟，偉大的頭腦總會不謀而合。

在牛頓的時代，湧現了眾多的科學家，他們高效的發現了宇宙的各種規律。這不僅是靠他們自己的勤奮與靈感，還要感謝笛卡兒所提出的科學方法論。有了正確的研究方法，科學家的探索之路才能事半功倍，正所謂「授人以魚不如授人以漁」。

笛卡兒認為，科學研究的起點是感知，人們透過感知得到抽象的認識，並總結出抽象的概念，這些是科學的基礎。

笛卡兒舉過一個例子：一塊蜂蠟，你能透過視覺、觸覺來了解它的形狀、大小和顏色，能以嗅覺聞到它含有蜜的甜味以及花的香氣，你透過知覺來認識它；將蜂蠟點燃後（從前常做為蠟燭來用），你能看到性質上的變化——它開始發光、熔化。把這些資訊全都連結起來，才能提升到對蜂蠟的抽象認識，而不僅是對一塊塊實體蜂蠟外觀上的認識。這些抽象的認識，不是靠想像力來虛構，而是靠感知來獲得。

笛卡兒在他著名的《談談方法》一書中，揭示了科學研究和發明創造的方法。這些方法可以概括成四個步驟：

1 不盲從，不接受任何自己不清楚的真理。對一個命題要根據自己的判斷，確認有無可疑之處，只有那些沒有任何可疑之處的命題，才是真理。這就是笛卡兒著名的「懷疑一切」觀點的含義。

2 對於複雜的問題，盡量將它分解為多個簡單的小問題來研究，一個一個的分開解決。

3 解決這些小問題時，應該按照「先易後難」的次序，逐步解決。

4 解決每個小問題之後，再整體來看看，是否澈底解決了原來的問題。

現在，無論是在科學研究中，還是在解決複雜的工程問題時，人們都會採用以上四個步驟。

笛卡兒還特別強調「大膽假設，小心求證」在科學研究中的重要性。他認為，在任何研究中都可以大膽假設；但是，求證的過程要非常小心，除了要有站得住腳的證據，求證過程中的任何一步推理，都必須遵循邏輯，這樣才能得出正確的結論。有了正確的結論，下一步就可以繼續延伸推廣更多。而實驗加邏輯，也成為後來實驗科學發展的基礎。

笛卡兒將科學發展的規律總結為：

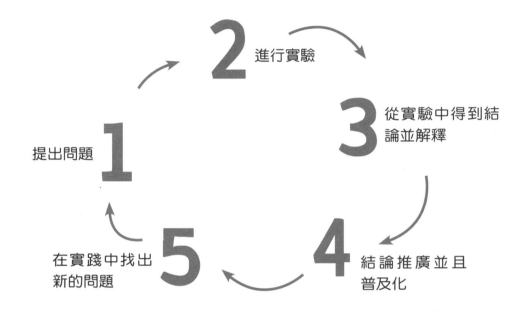

2 進行實驗

3 從實驗中得到結論並解釋

1 提出問題

4 結論推廣並且普及化

5 在實踐中找出新的問題

如此循環往復，科學就會不斷進步。

在笛卡兒之前的科學家，並非不懂研究的方法，只是他們的研究方法大多是自發形成的，方法的好壞取決於自身的先天條件、悟性或者特殊機遇。比如，古希臘著名的天文學家喜帕恰斯，他能發現一些別人看不見的星系，原因之一就是他有超乎常人的視力；克卜勒發現**行星運動三定律**，是因為從他的老師第谷手裡繼承了大量寶貴的資料。而這些條件常常難以複製，從而導致科學的進步非常艱難。

近代科學繼承了古希臘科學的理性，但是更加強調實驗的重要性，特別是進行精確、可重複的實驗。這是之前各個文明都不曾有過的研究技能。

笛卡兒改變了這種情況，他總結出完整的科學方法，讓科學的研究可以透過正確的依據（和前提條件），進行正確的推理，得到正確的結論。後來的科學家遵循這個方法，大大提高了科學研究的效率。因此，笛卡兒稱得上是開創科學時代的祖師爺，受到他影響的學科，不僅僅是他所研究的數學和光學，還包括很多其他自然科學領域，比如生理學和醫學。

在這個科學大爆發的年代，笛卡兒擔負承前啟後的角色，在他之前有伽利略和克卜勒，在他之後有虎克、牛頓、哈雷和波以耳等人，這些人在數學、物理學、化學、天文學等諸多科學領域中，都有開創性的發明或發現。

►02
近代醫學的誕生

日常生活中，人們經常將醫學分為西醫和中醫，其實這樣區分並不是很準確，更準確的分類應該是現代醫學和傳統醫學。近代世界科技發展的重要部分，就是醫學的革新發展。

中藥櫃

在大航海時代，歐洲的醫療方法和中國傳統的醫學也沒有太大區別。當時歐洲皇宮的醫務室就像一個「中藥鋪子」，只不過，一格格的抽屜換成了一個個玻璃儲藥罐，

裡面盡是草藥和礦物質，中醫熬湯藥的瓦罐換成了玻璃燒瓶。

雖然不知道是什麼病，
總之先放點血再說。

近代醫學革命由哈維開啟，他生活的年代
比中國的名醫李時珍晚了半個世紀。在哈
維之前，歐洲一直沿用古羅馬的醫學理論
家，蓋倫所建立起來的醫學理論。雖然蓋
倫也做解剖研究，並且發現了神經和脊椎
的作用，但是他並沒有搞清楚大多數人體
器官的功能。蓋倫認為血液是從心臟輸出
到身體各個部分，但他並不認為是循環
流動的。因為蓋倫不了解人體的血液量有
限，他發明出**放血療法**來治療病人，這種
謬誤要了很多人的命。

哈維則從邏輯推理出發，發現了血液循環的原理，提出新的理論，並
透過實驗來驗證。哈維經由解剖學得知心臟的大小，並且大致推算出
心臟每次搏動泵出的血量，然後根據正常人的心跳速率，進一步推算
出，人的心臟一小時要泵出將近500磅（約227公斤）血液，遠超過體
重，人體怎麼可能製造出這麼多的血液呢？基於這個推理，哈維提出
了血液循環的猜想，然後經過長達九年的實驗來驗證他的理論。

1628年，哈維發表了醫學巨
著《心血運動論》，書中指
出，血液受心臟推動，沿著
動脈血管流向全身各處，再
沿著靜脈血管返回心臟，環
流不息。

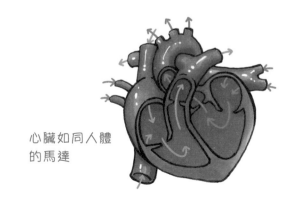

心臟如同人體
的馬達

1651年，哈維又發表了他的另一部大作《動物的生殖》，對生理學和胚胎學的發展很有幫助。過去人們認為，胚胎的結構與成年動物的樣子差不多，只是縮小的版本。而哈維在書中提出，胚胎最終的結構，是經過一步步發育才形成的。

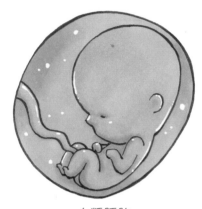

人類胚胎

同時，醫學工具的發明和改進，也推動了現代醫學的進步。在古代，醫學研究存在巨大的障礙，醫生無法觀測人體內部的生理活動，只能藉由病人的表述、看臉色、感受體溫、診斷脈象等間接的方法來了解病情。

17世紀開始，隨著物理學的發展，各種診測儀器被發明出來，幫助醫生了解病人的病情，進行正確的診斷，並提供更好的治療方法。這些儀器分為兩類：第一類，是測量人體指標和觀察生理活動的儀器，包括溫度計、血壓計、聽診器、心電圖儀等；第二類，則是從微觀上了解生命活動的儀器，主要是顯微鏡。

早在伽利略時期（約16世紀末），科學家就發明出溫度計，但這種溫度計並不能準確測量病人的體溫。直到過了大約半個世紀，法國人布利奧製作了**水銀體溫計**，醫生才能準確判斷病人是否發燒，體溫上升了多少。

水銀體溫計可以放置在舌下、腋下……肛門也可。

水銀是汞的俗稱，常溫下是一種液態金屬，水銀體溫計依靠的是熱脹冷縮原理。因為水銀有毒，若打碎水銀體溫計，將是十分危險的事情，而各國也已陸續不再生產水銀體溫計。

水銀體溫計上標有數值，可以量化體溫的改變，對醫學來說，「量化」病情是一項大突破。19世紀初，也發明出聽診器和血壓計，聽診器的原理並不複雜，它是藉由聲音感知人體器官的運動，以了解它們的生理狀況。

其實，在聽診器發明之前，醫生本來也會趴在病人胸口上，去聽病人的心跳，或是感知肺部的運動，但若是男醫生和女病人，這樣就很尷尬。1816年，有位法國的醫生雷奈克需要聽診一位年輕的貴婦，這位紳士為了避免尷尬，在無意中發明出**聽診器**。經過三年的改良後，聽診器的效果已比用耳朵直接聽好得多。

如何保持風度聽心跳？

早在哈維時代，人們就認識到測量血壓對診斷疾病的作用，但早期測量血壓時，需要打開人（和動物）的動脈血管，所以這種方法無法用在診斷疾病。19世紀初，法國著名物理學家兼醫生泊肅葉，他在研究血液循環的壓力時，受到水銀氣壓計的啟發，發明了利用氣壓計測量血壓的原型儀器。後來經過持續改良，直到1896年，義大利的內科醫生里瓦羅西，發明出現今使用的水銀血壓計。血壓計的使用，不僅使醫生能夠

更方便的診斷病情，而且能夠評估病情變化和治療效果。

進入20世紀後，X射線技術誕生，隨之被發明出的便是各種透視設備，醫生可以藉由它們直接看到人體內的生理變化，疾病的診斷水準大幅提高。

人類的很多疾病，其實是因為外界微生物進入體內造成感染。那些微生物非常小，小到肉眼根本看不見。在很長的時間裡，人類甚至不知道它們的存在，例如中世紀的人，就把微生物引起的黑死病，當做上帝的懲罰。

顯微鏡出現，為治療這些疾病立下汗馬功勞。有趣的是，顯微鏡的發明者雷文霍克並不是醫生，也不是物理學家，而是一位荷蘭的布料商人，磨製透鏡和裝配顯微鏡是他的業餘愛好。

雷文霍克發明的顯微鏡

通過顯微鏡，這位商人驚訝的發現了許多肉眼看不見的細小植物、微生物，他甚至還觀察到動物的精子和肌肉纖維。1673年，雷文霍克在英國皇家學會發表論文，介紹他在顯微鏡下的發現，後來成為皇家學會的會員。

從哈維開始，歷經三個世紀，在無數人的共同努力下，人類終於了解到身體的構造、身體器官的功能以及諸多疾病的成因，並以此為基礎，找到許多疾病的治療方法。現今，人類的平均壽命比17世紀時幾乎延長了一倍，除了食物更充足以外，主

威廉・哈維

要得益於醫學的進步。這些進步，一部分來自醫學理論的發展，這受益於科學方法的使用；另一部分則來自診療方式的進步，這是因為人類提升了獲取資訊的方法。醫學科技的發展，源於人類追求生命健康的需求。同樣的，伴隨大航海時代發展的需求，也催生了相應的科技進步。

▶ 03
大航海時代

為什麼在中世紀之後的科學復興是從天文學、力學和數學領域開始的呢？這和當時航海的需求密切相關。

迄今為止，人類的遷徙有三次飛躍——現代智人走出非洲，大航海和地理大發現，以及太空探索。雖然在今日看來，這幾件事難度不同，但它們的意義同樣偉大。從走出非洲到大航海開始，這中間有幾萬年的時間；而從大航海到人類登月，只經過了幾百年的時間。可見，人類的科技是加速進步的。

整個大航海時代，如果從1405年鄭和第一次下西洋開始算起，到1606年荷蘭和西班牙人登陸澳洲，發現地球上所有已知的大陸，正好經過了兩個世紀的時間。

人類最早的航海先驅當數澳洲的蒙哥人。四萬年前，蒙哥人跨過印尼與澳洲北部之間的海域，到達了澳洲。

至於他們如何渡過寬廣的大海，是使用人力划槳，還是用簡易的風帆，由於沒有任何文物留下來，至今依然是一個謎。不過可以肯定的是，這不是一件容易的事，人類祖先的冒險精神實在值得稱道。

最早留下詳實記錄的航海者是腓尼基人和古希臘人，早在三千多年前，他們就在地中海自由航行了，足跡遍布整個地中海沿岸。特別是腓尼基人，他們從中東地區出發，在地中海兩岸建立了很多殖民點，一直延伸到直布羅陀海峽。如此遙遠的旅程，單靠人力是難以實現的，他們正是利用風力來航行。

在茫茫無盡的大海上行駛，確定時間與方位十分重要。

我們的目標是星辰大海！

腓尼基人的帆船

擅長航海的古希臘人發明了
星盤。八世紀時，伊斯蘭
學者阿爾·法扎里改良了
星盤的構造，星盤是由圓
盤和鏤空的轉盤組成，標
有太陽和其他恆星的位置。
到了9世紀，準確度更高的象
限儀在阿拉伯地區出現了，雖然
象限儀最初被用於測定祈禱的方位，但是很快就被應用在航海方面。

13世紀，波斯人開始使用**旱羅盤**。旱羅盤的中間有一根可以轉
動的磁針，周圍有準確方位的刻度，它比中國更早發明的水
羅盤還要精確。但我們無從得知，他們的老師是中國人還是
義大利人，或許是他們自己獨立的發明。總之，阿拉伯人和
波斯人將這些儀器很好的運用在航海上，直到歐洲大航海
時代開始之前，阿拉伯人和波斯人的航海技術都領先世
界，就連鄭和的船隊成員，都有大量阿拉伯人。

波斯羅盤，居家旅行必備

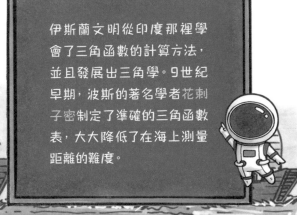

伊斯蘭文明從印度那裡學
會了三角函數的計算方法，
並且發展出三角學。9世紀
早期，波斯的著名學者花刺
子密制定了準確的三角函數
表，大大降低了在海上測量
距離的難度。

確定方位後，還需要有動力。在蒸汽船出現之前，季風幾乎是遠洋航行唯一的能量來源。

前文我們提到的蘇美人很早就發明了船帆，但是過去的船帆更像是一個兜風的口袋，只能在順風時獲得動力，逆風時航行就很困難了。

阿拉伯的三角帆船

9世紀時，阿拉伯人發明了**三角帆**，從此，船帆不再是一個兜風的口袋，而是如同一個豎直的機翼，風在帆的前緣被劈開，再流到後緣匯合。由於帆的迎風面凹陷，背風面凸起，形成了一定的曲度，使得空氣在背風面的流動速度大於迎風面的流動速度，因此兩邊所受的壓力不同。而壓力差，再加上用合適的船帆迎風角度，就使得船隻可以逆風而行，這便是白努利原理的應用。這時的帆，已相當於帆船前進的引擎了。

不過，儘管有了阿拉伯人發明的各種航海儀器，可以在海上大致定位並且找到航海的方向，但是定位的準確度還不足以避開礁石和暗礁。

白努利原理的通俗解釋是：流速越大，壓力越小；流速越小，壓力越大。飛機能夠在天空中飛行，也跟這個原理有關。

以現今來看，在地球上定位並不複雜，其實只需要知道準確的經度和緯度這兩個資料就可以了。

緯度比較好度量一些，因為在地球上不同緯度的地區，所看到的天空

17～18世紀屢屢發生的海難，讓英國政府認識到經度測量的重要性。牛頓、哈雷等眾多著名科學家也投入相關研究。1714年，英國正式通過《經度法案》，提供高額獎金（兩萬英鎊）給第一個解決經度測量問題的人。

是不一樣的，只要使用四分儀或星盤，測量太陽或者某顆特定的恆星在海平面上的高度，就可以推算出來。但是測量經度就要複雜許多，因為地球會自轉，天空中的太陽或者星辰的某個景象，過幾分鐘後就會出現在一百公里之外，相同緯度的天空中。因此，從大航海時代開始，圍繞著經度測量技術的研究就從未中斷過。

歷史上，無論是著名的航海家亞美利哥‧維斯普奇（美洲大陸就是以他的名字命名），還是大科學家伽利略，都花了很多精力試圖解決經度測量的難題。雖然他們曾提出一些具有啟發性的測量方法，但是並不實用。

亞美利哥‧維斯普奇

18世紀初，牛頓等英國的科學家發明了**六分儀**。這種手持的輕便儀器可以測量天體的垂直角和水平角，將所得結果對照天文臺所編制的星表，就可以測定船舶所在地的當地時間。如果船上有鐘錶能夠準確記錄出發地的時間，就可以根據地球自轉的速度推算出經度了。

六分儀

然而，準確記錄出發地的時間並不是一件容易的事情，因為船在海上非常顛簸，當時不

具備能夠在那種情況下準確計時的鐘錶。如果裝在船上的鐘錶有一秒誤差，測定的距離就會差出五百公尺左右。

最終解決這個難題的並非科學家，而是英國的鐘錶匠約翰‧哈里森和他的兒子。他們花了近三十年時間發明出航海鐘，達成在海上準確計時。如今，英國格林威治天文臺博物館，便有詳細介紹哈里森，並且保存著當時他製作的幾代航海鐘，供人們了解經緯度測量的歷史。不過在當時，哈里森的航海鐘非常昂貴，無法普及到大多數船隻。

到了19世紀初，在鐘錶工程師的共同努力下，船長們終於負擔得起在船上裝備航海鐘了。有了六分儀和航海鐘，海上遠距離航行變得安全許多。

➡04 牛頓：百科全書式的全才

艾薩克‧牛頓

在任何一個科技快速發展的時代，都需要在思維方式和方法論上，比先前的年代有巨大的飛躍。那些新的思維方式，會用那個時代最明顯的特徵命名。從牛頓開始的兩百多年

間，最先進、最重要的思維方式就是「機械論」了。

在西方，牛頓的社會地位非常崇高，人們認為他是開啟近代社會的思想家。牛頓的影響力之大，甚至成為近代科學的符號。

牛頓生於一個自耕農家庭，如果他早出生一百年，可能就要種一輩子田了。好在經過伊莉莎白一世時期的發展，當時英國的教育已經開始普及，因此，牛頓小時候就被送到公立學校讀書。就學期間，牛頓的母親總想讓他回家務農，但校長亨利・斯托克看中了牛頓的才華，說服他的母親，讓他重新回到學校讀書，從而改變了牛頓的一生。

1661年，牛頓進入劍橋大學三一學院，跟隨數學家兼自然哲學家艾薩克・巴羅學習。在劍橋大學，牛頓成績出色，獲得了公費生待遇，相當於現今獲得獎學金，這可保證他無須為學費和生計發愁，可以潛心進行科學研究。

於是，短短幾年裡，牛頓便在科學研究上碩果纍纍。1664年，年僅二十二歲的牛頓提出了太陽光譜理論，也就是太陽光是由七色光構成的。

牛頓一開始認為太陽光是五色光，後來擴展到現今的七色光。

牛頓三大運動定律：
❶ 任何物體都會保持等速直線運動或靜止狀態，直到外力迫使它改變運動狀態為止。
❷ 物體加速度的大小跟作用力成正比，跟物體的質量成反比；加速度的方向跟作用力的方向相同。
❸ 相互作用的兩個物體之間，作用力和反作用力的大小相等、方向相反，作用在同一條直線上。

1665 年夏天，劍橋發生瘟疫，於是牛頓回到家鄉伍爾索普，在那裡度過了近兩年的時間，這也是他思想最活躍的時期，做出了近代科技史上很多重要的發現和研究成果，例如：完成**牛頓三大運動定律**的雛形，定義什麼是力，定義了物體碰撞的動量；而在數學上，牛頓發明了二項式定理，並提出了係數表；在研究運動速度的問題時，提出了「流數」的概念，這是微積分的雛形。這些成果，任何一項放到今天都可以獲得諾貝爾獎。因此，後世把 1666 年稱為科學史上的第一個「奇蹟年」。

你或許聽說過蘋果砸到牛頓頭上，啟發他發現萬有引力的「故事」，然而，萬有引力僅是牛頓眾多偉大成就中的一個。事實上，牛頓的研究領域非常廣泛，除了天文學，還有數學、光學、力學與煉金術等。

牛頓是歷史上罕見的科學家，他不僅發現了某些定理，還建構了龐大的學科體系，比如以微積分為核心的近代數學，以「牛頓三大運動定律」為基礎的古典物理學，還有以**萬有引力定律**為基礎

萬有引力公式

$$F = G\frac{M_1 M_2}{r^2}$$

的天文學。他把這些內容寫成了《自然哲學的數學原理》一書，這本書也成為史上最有影響力的科學著作。

牛頓在思想領域最大的貢獻在於將數學、物理學和天文學三個原本孤立的知識體系，透過物質的機械運動統一起來，這就是哲學上所說的**機械論**。在牛頓和後來「機械論」的繼承者看來，一切運動都是機械運動。

詩人亞歷山大・波普在拜謁牛頓墓時寫下了這樣的詩句：
自然和自然律隱沒在黑暗中。
神說，讓牛頓去吧！
萬物遂成光明。

現今我們談起「機械論」的時候，可能會覺得那是過時、僵化的思想，但是在啟蒙時代，這種思維方式是具有革命性的。「機械論」這個詞是由牛頓的朋友，著名物理學家波以耳提出的。牛頓和波以耳等人用簡單而優美的數學公式揭示自然界的規律，他們告訴世人：世界萬物都在運動著，並遵循特定的運動規律。只要利用這些定律和定理，就能製造出想要的機械，解決所有的問題。

在牛頓之前，人類對自然的認識充斥著迷信和恐懼：蘋果為什麼會落地，日月星辰為什麼會升起，天上為什麼會出現彩虹，這些在現今看似無須解釋的現象，在當時的人們看來全都是謎。人類只能把一切現象的根源歸結為上天。直到牛頓等人出現，人類在大自然面前才開始擺脫被動狀態，從此，人類開始用理性的眼光看待一切的已知與未知。

由於牛頓用機械運動解釋萬物變化的規律獲得如此成功，在他之後的兩個多世紀裡，發明家認為，一切都可以經由機械運動來實現：從瓦特的蒸汽機和史蒂文森的火車，到瑞士準確計時的鐘錶和德國、奧地利優質的鋼琴，再到巴貝奇的電腦和二戰時德國人發明的恩尼格瑪密碼機，無一不是採用機械思維來解決現實難題的例子。

在牛頓的年代，從科學知識轉化為實用技術的週期還很長，有時需要半個世紀甚至更長時間。如今，這個週期被大大縮短到二十年左右。或許很多人會覺得二十年依然很長，但是一項真正能夠改變世界的重大發明，從重要的相關理論發表，到做出產品，再到被市場接受，過程極為複雜，所以二十年一點也不長。

歷史上，除了阿基米德等少數人的發明，是依據科學理論指導而產生的，絕大多數的發明，都是靠發明家本身長期經驗的累積並逐步改進的結果，但這種方式的進步速度非常緩慢。在牛頓之後，人類有意識的運用科學知識指導實踐，這才使得近代以來科技不斷加速進步。

笛卡兒、牛頓等人生活的時代，是人類歷史上的**科學啟蒙時代**，半個多世紀以後，工業革命才真正開始。在半個多世紀裡，另一門重要的科學——化學誕生了。

▶05
「煉」出來的化學

與有上千年歷史的數學、物理學和天文學相比，化學的歷史非常短，但作用又是巨大的，它為近代科技的起飛奠定了基礎。而化學的誕生與另一種歷史悠久的知識體系——煉金術緊密相關。

煉金術是個有些「西方」的詞彙，但它的夥伴「煉丹術」就是我們東方

我有一味仙方……

人所熟知的了。歷朝歷代，有無數皇帝為求長生不老，也或許是為了製造萬靈藥，不斷召集方士煉丹。實際上，吃這些成分不明的奇怪丹藥，往往會死得更快。

現在沒有了

東晉哀帝司馬丕，過量服用仙藥，25歲逝世；唐穆宗李恆，吃丹藥而亡，時年30歲；明熹宗朱由校，服用仙藥後去世，得年23歲……

西方的煉金術則有另一個目的，就是將廉價的金屬變成貴重的黃金。然而，無論在東方還是西方，這些煉金術從來都沒成功過。儘管如此，術士們還是前赴後繼，樂此不疲。

煉金體現了人類對未知事物的探索欲，雖然勞民傷財而且不斷失敗，但也在偶然中推動了科技發展。在中國，它催生了四大發明之一的火藥；而在西方，藉由煉金術，人們掌握了做實驗的方法，開發出做實驗的儀器設備，後來，還找到了各種各樣的礦物質，提煉出一些元素。

我們以為的淘金地：金礦；
布蘭德以為的淘金地：廁所。

最早從煉金術士轉變為化學家的，要算德國商人布蘭德了。1669年，這位商人也許認為尿液和黃金都是黃色的，所以試圖從人類的尿液中提取黃金；布蘭德做了大量的實驗，沒能煉出黃金，卻意外發現了白磷，這種物質在空氣中會迅速燃燒，發出光亮，因此布蘭德將它命名為 Phosphorum，意思是光亮。

國王懂什麼賺錢之道？

伯特格爾

18世紀初，另一位德國的煉金術士伯特格爾也想煉黃金。雖然他是為薩克森國王賣命，但伯特格爾很快就發現，煉黃金這種事根本無法實現，反正國王只想賺錢，還不如學中國燒瓷器更有用，畢竟當時的歐洲瓷器非常昂貴。

於是，伯特格爾前後進行了三萬多次實驗，嘗試了瓷土中各種成分的配比，以及不同的燒製條件，最終製作出完美的瓷器，這也就是享譽世界的梅森瓷器。

當然，從煉金術過渡到化學是一個漫長的過程。在這個過程中，有一位重要人物，那就是化學的奠基人，著名科學家安東萬・拉瓦節，他在化學界的地位，就像牛頓在物理學界的地位一樣。

不多說了，我們高中課本見！

拉瓦節

拉瓦節是法國大革命時期之前的貴族，他做化學實驗只是為了探索自然的奧祕，而不是為了賺錢。

他一生的貢獻很多，比如發現了空氣中的氧氣，並且提出氧氣助燃的學說；證實並確立了質量守恆定律；制定了化學物質的命名原則；制定了今天廣泛使用的公制度量衡。

拉瓦節所有的研究工作，都遵循了笛卡兒的科學方法。以他發現氧氣為例，在拉瓦節之前，學術界流行的是「燃素說」，認為物質能夠燃燒，是因為其中有所謂的「燃素」，燃燒的過程就是物質釋放燃素的過程。

拉瓦節在實驗中有一個信條：必須用天平進行精確測定來檢驗真理。正是因為他依靠嚴格測量反應物前後的質量，才確認了在燃燒的過程中，空氣中有一種氣體加了進來，而不是所謂的燃素分解掉了。他把這種氣體命名為「氧氣」，並得出是氧氣的參與，使得物質燃燒。

拉瓦節還發現，非金屬在燃燒後生成的氧化物可以變成酸，因此得出，一切酸中都含有氧。金屬燃燒後變為灰燼，它們不具有酸性。

拉瓦節還指出，空氣中除了含有氧氣，還有另一種氣體，因為燃燒時空氣中的氣體沒有用光。「氧化說」合理解釋了燃燒生成物的質量增加的原因，因為增加部分就是它所吸收的氧氣質量。

從近代到現代，「科學」就是研究者透過嚴謹有邏輯的科學研究方法，實踐確立起來的。

牛頓建立了古典物理學的體系，而拉瓦節建立了化學的體系。在拉瓦節之前，同一種物質可能有許多個名字，大家討論的時候很容易弄糊塗。1787年，拉瓦節和幾位科學家一起編纂了《化學命名法》一書，書中明確描述每種物質的命名規則，拉瓦節認為，物質的命名應該能體現它的特點和組成。比如我們說食鹽，雖然大家知道它是什麼東西，但是從這個名稱中無法知道它的成分和特性；在化學上，它被稱為氯化鈉，從這個名稱我們就知道它含有兩種元素，氯和鈉，而且是一種氯化物（鹽類化合物）。

鹽的學名叫氯化鈉

拉瓦節不僅在化學發展史上建立了不朽功績，還確立了實驗在自然科學研究中的重要地位。拉瓦節說，「不靠猜想，而要根據事實」以及「沒有充分的實驗根據，決不推導嚴格的定律」。他在研究中大量重複前人的實驗，一旦發現矛盾和問題，就將它們做為自己研究的突破點，這種研究方法一直沿用至今。無論是在學術上的成就，還是在方法論上的貢獻，拉瓦節都無愧於「化學界的牛頓」和「現代化學之父」的美名。

法國大革命爆發之後，拉瓦節最重要的貢獻就是統一了法國的度量衡，並且最終成為現行使用的公制。他主張採取地球極點到赤道的距離的一千萬分之一為1公尺；提出質量標準採用公斤；水在密度最大時（攝氏4度），1公升水的質量為1公斤。

第六章

工業革命

在人類歷史中，手工業的發展一直存在產量不足的問題。要多製造商品，就要更多人手，而人不僅有衣食住行的需求，能提供的動力也很有限。所以，在工業的初級階段，手工業的發展一直非常緩慢，製作出的產品總是供不應求。而工業革命改變了這一切，它的本質是動力革命，採用機械動力取代人力和畜力（比如馬車是靠馬的力量拉動）之後，工人只要掌握技能、懂得操作機器就可以了。運用機器後，一個工人就抵得上過去幾個人甚至幾十個人，生產效率大幅度提升。從英國的第一次工業革命開始，人類歷史上終於出現了商品供大於求的情況。

▶01
神祕的月光社

你可能不熟悉「月光社」這個名字，這個陌生的名字聽起來帶有一絲神祕色彩。在月圓的夜晚，有一群人會聚集在英國伯明罕某個人的家中，探討可能改變世界的「祕術」，這些聚會者都是經過嚴格挑選的。

這個組織並不神祕，在18世紀的英國和美國，很多名人傳記中都會提到它。「月光社」聚集了當時西方世界的技術菁英，他們所探討的「祕術」自然是科學與技術。之所以要選在月圓之夜，只是因為當時沒有

路燈，要靠月光照明，因此命名為「月光社」。這個民間組織對於歐美的工業革命產生了巨大影響。

月光社並沒有明確的成立時間，它的歷史可以追溯到1757 ～ 1758年。當時伯明罕的工廠老闆馬修·博爾頓和他家的私人醫生老達爾文，經常聚在一起討論科學問題。老達爾文是一名醫生，也是科學家，我們認識的那位寫《物種起源》的達爾文正是他的孫子，「演化論」早期的一些想法就來自老達爾文。後來，博爾頓和老達爾文又召集伯明罕地區其他的技術菁英，辦起了月光社。

1758年，正在英國出差的美國科學家班傑明‧富蘭克林，應邀加入了月光社；他在回到美國之後，還一直和英國的月光社會員保持聯繫往來。

班傑明‧富蘭克林不僅身兼出版商、印刷商、記者、作家、慈善家，更是傑出的發明家和外交家。他發明了雙焦點眼鏡、蛙鞋等，同時還是美國獨立戰爭時的重要領導人之一。在中學階段的物理課本裡，我們會遇到這位富蘭克林，他最早提出了電荷守恆定律，並發明避雷針。

幾年後，又有幾位重量級的科學家和發明家加入，其中包括著名的發明家詹姆士‧瓦特、地質學家韋奇伍德，以及化學家約瑟夫‧普利斯特里等人；此外，現代化學之父拉瓦節，以及美國《獨立宣言》的起草人——科學家傑佛遜也相繼加入。當然，在這群人中，直接開啟工業革命大門的是瓦特，他和博爾頓為第一次工業革命提供了動力來源——**蒸汽機**。

最早發明蒸汽機的是英國工匠湯瑪斯‧紐科門。1710年，他發明了一種固定的、單一方向做功*的蒸汽機，用來解決煤礦的抽水問題，但是這種蒸汽機非常笨重，而且在不同情況下的適用性差、效率低。

蒸汽機的動力，來自於沸騰的水所產生的高壓蒸汽。

瓦特

事實上，瓦特並不是發明第一臺蒸汽機的人，在他之前就有蒸汽機了。瓦特被世人銘記的貢獻，其實是改良蒸汽機，讓蒸汽機被廣泛應用。

★編註：做功是指，外力使物體發生移動。

瓦特的家庭條件很不錯，
他從小就愛擺弄各種機
械，學習成績優異，但是
後來因為父親破產，他沒
能讀大學。由於他天資聰
穎，善於修理各種機械，
因而進入了蘇格蘭的格拉
斯哥大學，成為修理儀器
的技師；在格拉斯哥大
學，他利用工作之便，有

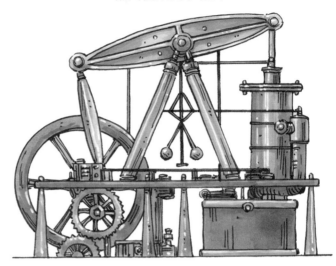

蒸汽機改變了世界

系統的學習了力學、數學和物理學的課程。所以，後來瓦特改良蒸汽
機的想法並不是來自經驗，而是根據理論。

1763年裡一次偶然的機會，瓦特在格拉斯哥大學修理一臺紐科門蒸汽
機時，發現這種蒸汽機效率非常低。於是，他萌發了改良蒸汽機的念
頭，並且設計了一個可以運轉的模型。

不過，設計出模型和造出蒸汽機是兩回事。這不僅需要資金，也需要
製造工藝技術的支援，可惜當時金屬加工的水準不高，所以瓦特的工
作進度耽擱了八年。後來，瓦特依靠月光社朋友博爾頓的資金，還有
英國工程師約翰・威爾金森製造加農炮的技術，解決了活塞與大型氣
缸之間的密合難題。終於在1776年，第一批新型蒸汽機成功製造出
來，並且投入工業生產。博爾頓和瓦特的訂單源源不斷，這些生意為
他們的公司帶來了巨大利潤；同時，瓦特還在繼續「升級」他的蒸汽
機。瓦特的新型蒸汽機的效率，後來達到紐科門蒸汽機的五倍。

1785年，瓦特當選為英國皇家學會會員。後來，他和博爾頓將蒸汽機

賣到了全世界，加上專利轉讓的收入，瓦特晚年非常富有。瓦特的成功為英國的發明家樹立榜樣——透過自己的發明創造，在改變世界的同時，也改變了自己的命運。

牛頓找到了開啟工業革命的鑰匙，而瓦特則拿著這把鑰匙開啟工業革命的大門。瓦特的成功不僅是技術的勝利，也為人類帶來新的動力來源，更重要的是，他掌握了新的方法論——「機械思維」。在瓦特之後，機械思維在歐洲開始普及，工匠們發明了解決各種問題的機械，從此，世界進入了以蒸汽為動力的機械時代。

▶02
蒸汽開啟了新時代

從18世紀末開始，蒸汽機受到廣泛應用，例如蒸汽船和火車。

蒸汽船的發明人是羅伯特・富爾頓，他是一位充滿傳奇色彩的人物。1786年，這位年僅二十歲的美國畫家來到英國倫敦，他本想以繪畫謀生，卻意外遇到了改變他命運的貴人——瓦特。

羅伯特・富爾頓有點像中國戰國時代的縱橫家，游走於歐洲各國之間，當時各國政府往往更關注應用在軍武方面的科技。早在1793年，富爾頓就向美國和英國政府提出建造蒸汽船的計畫，但並未如願。1797年，富爾頓又來到了法國，主持研發世界上第一艘可以真正運作的潛艇。

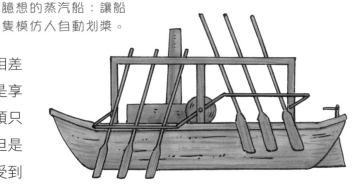

臆想的蒸汽船：讓船
隻模仿人自動划槳。

富爾頓與瓦特兩人的年齡相差
很大，那時候的瓦特已經是享
譽世界的發明家，而富爾頓只
是個默默無聞的年輕人，但是
他倆卻結成了忘年之交。受到
瓦特的影響，富爾頓從此迷上
蒸汽機和各種機械。在繪畫之餘，他學習數學和化學，這些知識讓他
有了成為發明家的機會。

在英國期間，富爾頓還遇到了著名的烏托邦社會主義理論家，工廠老
闆羅伯特‧歐文，兩人一起設計和發明各種機械。

當時，一些發明家試圖利用蒸汽機讓船隻自動划槳，包括發明家詹姆
士‧拉姆齊和他的競爭對手約翰‧費奇。費奇還因為這種奇怪的發明
獲得專利，但是，這樣的蒸汽船很笨拙，並沒有什麼實用價值。

富爾頓卻從中受到了啟發——原來，可以利用機械推動輪船行駛。

真正的蒸汽船：
重新定義槳，螺旋槳誕生。

富爾頓要比兩位「前輩」聰
明得多，既然向後划槳的
作用力會產生向前的動力，
那麼機械可以用自己的方式
划槳，並沒有必要去模仿人
的動作。於是，螺旋槳誕生
了。1798 年，**螺旋槳蒸汽船**
成為富爾頓的專利。

不過，蒸汽船的推廣並非一帆風順。1803 年，富爾頓在法國塞納河做實驗，蒸汽船卻沉沒了，目睹現場的法國人可接受不了這樣的船，他們嘲笑蒸汽船為「富爾頓的蠢物」。富爾頓帶著遺憾離開了法國。回到美國後，富爾頓遇到了利文斯頓，並且成了他的侄女婿。利文斯頓不僅是政治家，對科學也感興趣，還是紐約有名的富商，有了他的支援，富爾頓研製蒸汽船的進展變得非常順利。

1807 年，蒸汽船克萊蒙號（北河號）出現在哈得遜河上。人們從來沒有見過這樣的「怪物」，不用風帆，沒有人划槳，僅靠豎起一根高高的煙囪，發出轟鳴，就能在水上行駛。克萊蒙號從紐約出發，經過三十二小時的逆水航行，抵達了位於上游，距離達兩百四十公里遠的奧爾巴尼。以往，要走完這段水路，即使一路順風，最快的帆船也需要四十八個小時。

從此，富爾頓拉開了蒸汽輪船時代的帷幕。

就在富爾頓為製造蒸汽船忙碌時，英國的工匠喬治·史蒂文森也開始研製蒸汽動力的機車，這就是今日我們說的蒸汽火車。1825 年，由史蒂文森設計的火車載著四百五十名旅客，在他鋪設的鐵路上，從達靈頓駛往斯托克，時速達到 39 公里。

那一刻，馬知道牠的時代快要落幕了。

沿途很多圍觀的群眾紛紛攀上火車，到達終點時，旅客人數達到將近六百人。還有一個騎著馬的人試圖和火車「賽跑」，但是很快被火車超越，被遠遠的甩在後面。

史蒂文森後來還和他的兒子，一起修建連接兩個英國主要工業城市──利物浦和曼徹斯特的鐵路。英國隨後出現了「鐵路熱」，從此開啟鐵路運輸的歷史。

▶03
各行各業的革新機械

伊萊‧惠特尼

機械的作用不僅體現在運輸上，更重要的是提高了各行各業的效率，並且改變了整個社會。

1793 年，發明家伊萊‧惠特尼從美國耶魯大學畢業，專長是機械學。

惠特尼與發明輪船的富爾頓同齡，他在二十七歲時就發明了著名的「軋棉機」，把手工摘除棉籽的工作交給機器來做，效率提升了五十倍以上。

軋棉機發明一年後，美國的棉花產量從

著名的軋棉機

550萬磅（1磅＝0.4535公斤）增加到800萬磅；1800年時達到3500萬磅；1820年更是達到1.6億磅；在惠特尼去世的1825年，棉花產量已達到2.25億磅。美國將如此多的棉花，賣給紡織業蒸蒸日上的新英格蘭，大大推動了美國的工業革命。

在為美國軍隊量產槍支的過程中，惠特尼提出了「可互換零件」的概念，後來被整個工業界普遍採用。

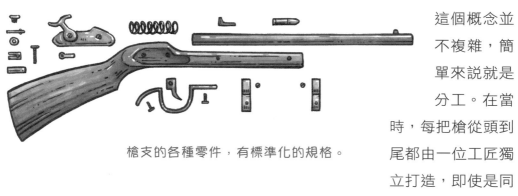

槍支的各種零件，有標準化的規格。

這個概念並不複雜，簡單來說就是分工。在當時，每把槍從頭到尾都由一位工匠獨立打造，即使是同型號的槍，它們的零件也無法互換。而惠特尼設計出了一套標準的零件尺寸和製作流程，並讓工人分工生產不同的零件；用這種工藝流程所生產出來的零件，尺寸、形狀一致。所以，當全部零件大量生產出來，從每類零件裡取出一個，就可以組合出一支完整的槍。這樣的做法生產效率更高，如果某支槍出了問題，只要更換零件就可以修好了。

惠特尼是實行標準化生產的創始者。產品的標準化，大大提高了生產效率，也有利於產品在使用過程中的維修，這是工業走向大量生產的重要一步。

到了19世紀，機械思維已經在歐洲和美國深入人心，人們相信任何問題都可以經由機械的方式解決。各種各樣和生活、生產相關的機械發

明層出不窮。比如，**打字機**就是這段時期的產物。

1843年，英國發明家查爾斯・瑟伯發明了替代手寫字的轉輪打字機，並獲得美國專利，但這種打字機不夠實用，並沒有大範圍推廣。不過，它的出現似乎在預示著，幾千年來，人類透過書寫來記錄文明的方式，有可能被某種機械運動取代。

1870年，丹麥牧師馬林・漢森發明了實用的球狀打字機，每一個按鍵對應一個字母；1873年，美國發明家克里斯多福・萊瑟姆・肖爾斯，發明了如同現今鍵盤式的機械打字機，在第二年時銷售出四百部。

打字機打出的文字比手寫的更清晰易讀，而且便於修改，因此，在美國和歐洲，公文打字很快替代了手寫。而一些作家也開始使用打字機，像馬克・吐溫便是第一批使用打字機的著名作家，1876年，他用打字機完成了《湯姆歷險記》的初稿。打字機的出現還創造了一個新的職業——打字員，其中絕大部分（95%）是婦女，這讓婦女也可以從事白領的工作。

從瓦特改良蒸汽機開始的半個多世紀裡，大部分工業領域的發明都來自英國。這些發明讓英國的工業變得極為強大，生產出數量驚人的商品，並販賣到世界各地。隨著「英國製造」走向全世界，英國也成為全球性的強大帝國。

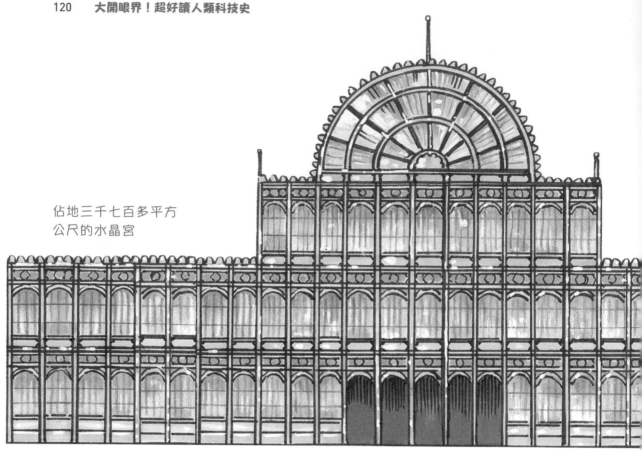

佔地三千七百多平方
公尺的水晶宮

1851年，英國為了展示他們工業革命的成功，在倫敦市中心舉辦了第一屆世界博覽會。這次博覽會的代表性建築是著名的**水晶宮**，它長達五百六十多公尺，高二十多公尺，全部用玻璃和鋼架搭成，裡面陳列著七千多家英國廠商的產品，和大約同樣數目的外國商家展品。英國的展品幾乎全部是工業品，包括大量以蒸汽為動力的機械，而外國商家的展品則幾乎全都是農產品和手工產品。

從英國起始的工業革命，是人類使用動力的一次大飛躍。機械不僅取代了人力和畜力，提供了更強大的力量，還讓人類做到從前難以想像的事情。

後來的世界博覽會，也常常建造代表性建築物。包括2010年上海世博會建造的中國館，後來改建為如今的中華藝術宮；2021年杜拜世博會的綠建築「能源樹」等等。

►►04
造出永動機？

在農耕文明時代，社會需要人力和畜力；而在工業時代，人類需要能量。人們可以用每人平均所產生和消耗能量的多少，來衡量社會發展水準的高低。

關於能量的問題撲面而來：能量有哪些來源？具有什麼形式？不同形式的能量能否相互轉換？如果可以轉換，是依照什麼樣的規律？

> 能量守恆定律：
> 能量既不會憑空產生，也不會憑空消失，只會從一個物體傳遞到另一個物體，而且能量的形式可以互相轉換。

這時，許多人都冒出了同一個想法：試圖製造出不用消耗能量也能工作的機器，這稱為「永動機」，但這些人的各種嘗試與努力全都以失敗告終。

最早深入研究能量的人，並非大學教授或者職業科學家，而是英國的一位啤酒商──大名鼎鼎的詹姆斯·焦耳，我們會在中學物理課本中遇到他，能量的單位就是以他的名字「焦耳」命名的。

焦耳表示：科學研究只是我的愛好！

焦耳出生在一個富有的家庭，但由於身體不好，父母

親是請家庭教師來教他讀書。十六歲那年，焦耳和哥哥在著名科學家道爾頓的門下學習數學，之後因為道爾頓年老多病，無力繼續授課，便推薦焦耳進入曼徹斯特大學學習。大學畢業後，焦耳開始參與自家啤酒廠的經營，並且在啤酒行業做得風生水起。做科學研究原本只是焦耳的個人愛好，不過，隨著在科學上取得的成就愈來愈高，他在科學上花的精力也就愈來愈多。

1838年，焦耳在《電學年鑑》上發表了第一篇科學論文，但是影響力並不大。1840 ～ 1843年，焦耳發現電流通過導體之後會產生熱，於是深入研究了電與熱之間的關係。

很快，他得出了著名的**焦耳定律**，證明了電流在導體中產生的熱量，與電流、導體的電阻、通電時間有關係。

這個公式是現今電學的基礎，焦耳發現它  後興奮不已。不過，當焦耳把研究成果投給英國皇家學會時，皇家學會並沒有意識到，這是人類歷史上最重要的發現之一，而是對這位「鄉下的業餘愛好者」的發現表示懷疑。被皇家學會拒絕後，焦耳並不氣餒，而是繼續他的科學研究。在曼徹斯特，焦耳很快成了當地科學圈裡的核心人物。

焦耳定律公式為 $Q = I^2 Rt$，Q代表熱量，I代表電流，R代表電阻，t代表通電時間，熱量與後三者皆呈正比的關係。

1840年以後，焦耳的研究擴展到機械能（也稱為「功」）和熱能的轉換。大略來說，機械能是物體運動帶來的能量，熱能是物體溫度變化帶來的能量，這兩種能量可以相互轉換。蒸汽機就是能量轉換的案例

之一：將水加熱是獲取熱能的過程，而水蒸氣上升推動機器運動，則是熱能轉換為機械能的過程。

1845年，焦耳在劍橋大學宣讀了他最重要的一篇論文——〈關於熱功當量〉。在這次報告中，他介紹了物理學上著名的「機械功轉換為熱能」的

熱功當量是指，熱力學單位「卡」與功的單位「焦耳」之間存在的一種數量關係。焦耳首度用實驗確定了這種關係，而後規定：1卡＝4.186焦耳。

實驗，同時還估計出熱功當量常數。1850年，他給出了更準確的熱功當量值4.159，非常接近現今精確計算出來的常數值。

幾年後，科學界逐漸接受了焦耳的功與能量的轉換定律。1850年，焦耳當選英國皇家學會會員；過了兩年，他又獲得當時世界上最高榮譽的科學獎——皇家獎章。

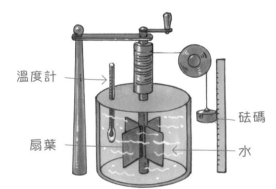

驗證功與能量的轉換定律

溫度計

扇葉

砝碼

水

在焦耳之前，人類對能量的了解非常有限，某些發明家還試圖發明不會消耗能量的永動機。焦耳透過他的研究成果告訴人們，能量是不可能憑空產生的，它只能從一種形式轉換成另一種形式，這就是**能量守恆定律**。因此，永動機是不可能出現的，人類能做的無非是提高能量轉換的效率。

德國哲學家恩格斯認為，能量守恆為（19世紀）三大科學發現之一，而另外兩大發現則是我們接下來要介紹的**細胞學說**和**演化論**。

▶ 05
人體由什麼組成

自古以來，人類一直試圖搞清楚兩件事：我們生活的宇宙由什麼構成？我們自己由什麼構成？有趣的是，比起了解自己，人類似乎更了解這個世界。到了19世紀，人類已經了解構成宇宙的星系和構成世界的物質，卻對生命的基本構成所知甚少。

最早有系統的去研究生物學的學者，當數亞里斯多德，他依據外觀和屬性對植物進行了簡單的分類整理；中國明代的李時珍，透過研究植物的藥用功能，對不少植物做了分類，但是他的研究也僅限於植物的某些藥物特性。這種對外觀、生物特徵和一些物理化學特性的研究，屬於生物學研究的第一個層面，也就是表象的研究；當然，表象的研究通常只能得到表象的結論。按照今天的標準來衡量，無論是亞里斯多德還是李時珍，對動植物的研究都有很多不科學、不準確的地方。

對生物第二個層面的研究，是探究生物體內部的結構，以及內部各部分（如器官）的功能，這就要依賴解剖學了。現今，一些書籍將古希臘的希波克拉底做為解剖學的鼻祖，其實在他所處的年代，解剖學已經比較普及了，只不過是希波克拉底記載了當時的解剖學成就，比如古希臘人對骨骼、肌肉、器官的研究。在希波克拉底前後的幾十年間，古希臘的雕塑水準

《擲鐵餅者》是古希臘雕塑家米隆，在大約西元前450年所創作的青銅雕塑，原作已經丟失，複製品現今收藏在羅馬國家博物館、梵蒂岡博物館等。

大幅提高，這和當時解剖學的進步密切相關。

在古羅馬帝國分裂之後，世界醫學的中心從歐洲轉移到了阿拉伯帝國及其周圍地區。當時這些地區對人和動物器官功能的研究，比古希臘和古羅馬時期又更進一步。

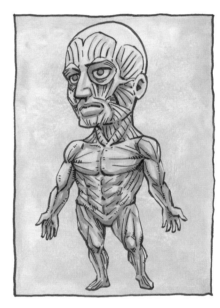

文藝復興之後，生理學研究的中心又轉回歐洲，包括達文西等科學先驅在內，很多科學家偷偷的進行解剖學的研究，因而對人類自身和動物（比如鳥類）的結構有了比較準確的了解。但是，真正開創近代解剖學的人，是生活在布魯塞爾的醫生安德雷亞斯‧維薩留斯，他在1543年完成了解剖學經典著作《人體的構造》一書，有系統的介紹了人體的解剖學結構。在書中，維薩留斯親手繪製了很多插圖，為了畫得準確，他甚至直接拿著人的骨頭在紙上描。這本書讓後來的學者對人體的結構和器官功能有了直觀的了解，維薩留斯也因此被譽為「解剖學之父」。

雖然在解剖學的基礎上，使現代醫學建立起來，但是透過肉眼只能觀察到器官，看不到更微觀的生物組織結構（如細胞），更不用說弄清楚生物生長、繁殖和新陳代謝的原理了。這就需要藉由儀器的幫助，進入第三個層面的研究，也就是深入到組織細胞。

1665年，英國科學家虎克利用透鏡的光學特性，發明了早期的顯微

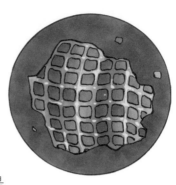

鏡。透過這個顯微鏡，虎克觀察了軟木塞的
薄切片，發現裡面是一個個小格子，他把
這些畫了下來。當時虎克並不知道自己發
現了**細胞**（更準確的說是死亡細胞的細胞
壁），因此就把它稱為小格子（cell），這就
是英文細胞一詞的由來。雖然虎克看到的只是
細胞壁，而沒有看到裡面的生命跡象，但是人們還
是將細胞的發現歸功於他。

軟木塞上的細胞

真正發現活細胞的人，是第五章提到的荷蘭生物學家、顯微鏡製造商
雷文霍克。1675 年，雷文霍克用顯微鏡觀察雨水，發現裡面有微生
物，這是人類歷史上第一次（有記載的）發現有生命的細胞（細菌）；
在那之後，他又用顯微鏡看到了動物的肌肉纖維和毛
細血管中流動的血液。

> 一般認為，中文的「細胞」一詞來源於晚清數學家，李善蘭所翻譯的
> 《植物學》，這本書裡提到的「此細胞一胞為一體，相比附而成植物
> 全體」。其中的細胞正是英文 cell。而在《植物學》中，cell 還被譯為
> 「子房室」、「子房」等詞。

然而，雷文霍克雖看到了細胞，但是並沒有想到它們就是組成生物體
的基本單位。直到 19 世紀初，法國博物學家拉馬克提出一個假說：
「生物體所有的器官都是細胞組織構成的產物。」但是拉馬克缺乏證據
來證實自己的假說。

1838 年，德國科學家許萊登透過觀察植物，證實了細胞是構成所有植

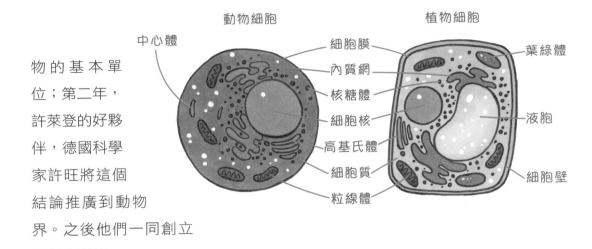

物 的 基 本 單
位；第二年，
許萊登的好夥
伴，德國科學
家許旺將這個
結論推廣到動物
界。之後他們一同創立
了細胞學說。

細胞學說首先在植物上獲得驗證。因為植物有**細胞壁**，容易在顯微鏡下被觀察到，而觀察動物細胞就相對難一些。直到後來，許旺在高倍數的顯微鏡下，才發現到動物細胞的細胞核和細胞膜，以及兩者之間的液狀物質（細胞質）。同時，兩位科學家認為，細胞中最重要的是細胞核，而不是外面的細胞壁，老細胞核中能長出一個新細胞。

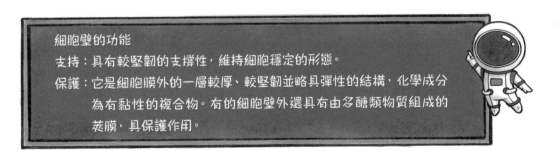

細胞壁的功能
支持：具有較堅韌的支撐性，維持細胞穩定的形態。
保護：它是細胞膜外的一層較厚、較堅韌並略具彈性的結構，化學成分
　　　為有黏性的複合物。有的細胞壁外還具有由多醣類物質組成的
　　　莢膜，具保護作用。

後來，許萊登的朋友，植物學家內格里，用顯微鏡觀察植物新細胞的形成過程，和動物受精卵的分裂過程，他發現老的細胞會分裂出新的細胞。在此基礎上，1858年，德國的醫生菲爾紹總結出「細胞經由分裂產生新細胞」。

對生物第四個層面的研究則是在細胞內部了。隨著生物知識的累積以及顯微鏡的改進，人類能夠進一步了解構成細胞的有機物，包括它的

遺傳物質。因此，20世紀之後，生物學從細胞生物學進入**分子生物學**階段。

生物學的歷史雖然很長，但是它的發展一直到19世紀後才突然加速。這裡有兩個主要原因：一是儀器的進步，特別是顯微鏡的進步和普及；二是學術界普遍開始有自覺的運用科學方法論。

然而，人類還有兩個難題沒有釐清：一是為什麼有些物種彼此之間有著高度的相似性，二是所有的物種究竟從何而來。

▶ 06
「演化論」的重大影響

早在18世紀末，月光社的成員，老達爾文就提出了**演化論**的初步想法，但是當時只是假說而已。1809年，拉馬克提出了「用進廢退」和「獲得性遺傳」的假說，也就是生物體的器官經常使用就會變得發達，不經

常使用就會逐漸退化，而生物後天獲得的特徵是可以遺傳的。比如，為什麼長頸鹿有著長脖子？因為牠們為了吃到樹上的樹葉，不斷伸長脖子，於是長頸鹿的脖子就愈用愈長，並且把這個特徵傳給了後代。

拉馬克的學説很容易理解，然而卻有很多破綻。有些質疑的人把老鼠的尾巴切掉，但老鼠的後代依然有尾巴，失去尾巴的「特徵」並沒有傳給後代。因此顯示，這種後天獲得的特徵是無法遺傳的。

查爾斯·達爾文，英國博物學家

在探尋生物遺傳和演化的路上，老達爾文的孫子查爾斯·達爾文邁出了偉大的一步。

達爾文從小對博物學感興趣，在大學期間，他也聽説了拉馬克的理論，但達爾文有自己的想法。畢業後，他和一些同學一起前往馬德拉群島研究熱帶博物學。

達爾文發現，在那些與世隔絕的海島上，昆蟲的樣子與大陸上的截然不同。他認為，那些昆蟲為了在海島特殊的環境中生存，改變了自身的特徵，才得以存活下來。這個發現非常重要，導致他後來「演化論」中提出「天擇」和「適者生存」兩個理論。

1831年12月，達爾文以博物學家的身分登上小獵犬號軍艦，開始了長達五年的環球考察。每到一處，達爾文都會認真的進行考察和研究。

他跋山涉水，採集礦物和動植物標本，挖掘了生物化石，發現許多從來沒有被記載的新物種。透過比對各種動植物標本和化石，達爾文發現，從古至今，很多舊的物種消失了，也有很多新的物種產生，並且隨著地域的不同而不斷變化。

化石是古生物留給我們的日記

1836 年，達爾文回到英國。在漫長的考察中，達爾文累積了大量的資料和物種化石，他回國後花了幾年時間整理這些資料，並尋找理論根據。1842 年，達爾文寫出了《物種起源》的大綱。

但是在接下來的十幾年裡，達爾文卻沒有繼續寫作，這是為什麼呢？因為達爾文很清楚，在歐洲歷史上，有許多科學家都深受教會的迫害，他的理論一旦發表，將顛覆整個基督教立足的根本。

在基督教的教義裡，世間萬物是由上帝創造的。這就是「創造論」。

直到 1859 年，達爾文才出版了史上最具震撼力的科學巨著《物種起源》。他在書中提出了完整的「演化論」思想，他認為物種是在不斷的變化之中，由低等到高等、由簡單到複雜的演變過程。對於演化的原

因，達爾文用四條根本的原理進行了合理的解釋：

遺傳
變異

過度
繁殖

生存
競爭

適者
生存

達爾文的理論一發表，就在全世界引起轟動。他的理論說明，這個世界是長時間演化而來的，而不是神創造的。「演化論」對基督教的衝擊遠大於哥白尼的「日心說」，教會全體上下果然狂怒，對達爾文群起而攻之；但在這憤怒的背後，則是恐慌。

和教會態度相反的，是赫胥黎等許多思想進步的學者，他們積極宣傳和捍衛達爾文的學說。赫胥黎指出，「演化論」解開了思想的禁錮，讓人們從宗教迷信中走出來。

然而，分歧並未從此消失，「演化論」與「創造論」的爭論持續了上百年。直到21世紀，美國最後幾個保守的州，也才明確規定，中學教育裡要講授「演化論」。2014年，教會終於公開承

湯瑪斯・亨利・赫胥黎既是達爾文的追隨者，也是一位著名的生物學家，著有《人在自然界中的地位》、《演化論與倫理學》、《論有機自然現象的成因》等。

認「演化論」和《聖經》並不矛盾，「演化論」才算是取得了決定性的
勝利，這時離達爾文去世已經過了一百三十多年。

達爾文的「演化論」對世界的影響巨大，它不僅回答了物種的起源和
演化的問題，而且告訴人們，世間萬物都是會發生演變的。這是在牛
頓之後，又一次讓人類認識到，需要用發展的眼光來看待我們的世界。

▶ 07
電是怎麼來的

蒸汽動力帶來了第一次工業革命，而我們無比熟悉的電，則帶來了第
二次工業革命。雖然在人類文明98％的時間裡，人類的生活並不依賴
電，但現今我們似乎
已經無法想像沒有電
的生活。電是自古以
來就有的現象，但直
到近代，人類才搞清
楚電是怎麼回事。

在古代，人們把雷電
稱為「天上的電」，
而把靜電稱為「地上
的電」。

上天在處罰誰!?

最早關於靜電的記載，是在西元前7世紀到西元前6世紀的時候，古希臘哲學家泰利斯，發現用毛皮摩擦琥珀後，琥珀會產生靜電而吸住像羽毛之類的輕微物體，電荷一詞electron就源自希臘語「琥珀」；後來，人類又發現用玻璃棒和絲綢摩擦會產生另一種靜電，它和琥珀上的電性質相反，於是就有了琥珀電和玻璃電之分。

1745年和1746年，德國科學家克拉斯特，與荷蘭萊頓地區的科學家穆森布羅克，兩人分別獨立發明了一種儲存靜電的瓶子。因為這種瓶子首先在萊頓地區試用，人們就將它稱為「萊頓瓶」。

金屬棒

玻璃瓶

錫箔

萊頓瓶

剛開始，人們一直沒有把雷電與靜電連結在一起，直到班傑明‧富蘭克林進行著名的雷電實驗。1752年7月，一個雷雨交加的日子，在美國費城郊外一座四面敞開的小木棚下，富蘭克林和他的兒子威廉，將一個用絲綢做成的風箏放上天空，企圖引下天空中的雷電。

風箏頂端綁了一根尖細的金屬絲，做為吸引電的「先鋒」，而牽引風箏的長長繩子，打溼以後就成了導線；繩子的末梢綁上充當絕緣體（不導電）的綢帶，綢帶的另一端則在實驗者的手中。因為金屬導電性更好，在綢帶和繩子的交接處，還掛上了一把金屬鑰匙。為了避免實驗者觸電，實驗者手中的綢帶必須保持乾燥，這就是富蘭克林躲在小木棚下的原因。

隨著一道長長的閃電掠過，風箏引繩上的纖維絲紛紛豎立起來，富蘭

克林心裡一陣高興，不禁伸出左手撫摸了一下，忽然「滋」的一聲，
在他的手指尖和鑰匙之間跳過一個小小的火花。富蘭克林只覺得左半
身麻了一下，手不由自主的縮了回去。

「這就是電！」他興奮的叫喊道。

隨後，他將雷電引入萊頓瓶中帶回家，用收集到的雷電做了各種電學
實驗，證明了天上的雷電與人工摩擦產生的靜電，性質完全相同。

富蘭克林把他的實驗結果寫成一篇論文發表，從此在科學界聲名大
噪，並且根據電的性質，富蘭克林發明了避雷針。不久，避雷針便普及
世界各地。當然，他在電學上的貢獻不僅於此，他還有以下諸多成就：

揭示了電的單向流動（而不是
先前認為的雙向流動）特性，
並且提出電流的概念。

合理的解釋
摩擦生電的
現象。

提出電量守
恆定律。

定義了我們今日所說
的正電和負電。

富蘭克林

要深入研究並使用電能，就需要獲得足夠多的
電。顯然，靠摩擦產生的靜電是不夠用的。最
早解決這個問題的是義大利物理學家亞歷山
卓·伏打，他發明了**電池**。

伏打電池

伏打發明電池是受到另一位科學家路易吉·伽
伐尼的啟發。路易吉在解剖青蛙時意外發現，
兩種不同的金屬接觸到青蛙時，會產生微弱的
電流，他認為這是來自青蛙體內的生物電。

然而伏打意識到，這可能是因為兩種不同的金屬有「電勢差」，而青蛙
僅僅是導體。1800年，伏打用鹽水代替青蛙，將銅和鋅兩種不同的金
屬板放入鹽水中，它們之間產生了微弱的電壓；後來，伏打用串聯的
方式，製作了超過4伏特電壓的電池。

有了電池，電學的研究開始不斷得到重大突破。人們為了紀念這位電學
的開拓者，將他的名字（英文寫法）Volt做為電壓的計量單位（伏特）。

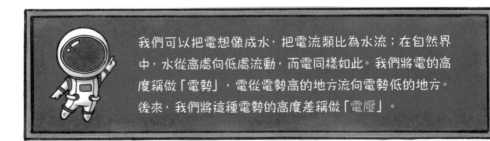

我們可以把電想像成水，把電流類比為水流；在自然界
中，水從高處向低處流動，而電同樣如此。我們將電的高
度稱做「電勢」，電從電勢高的地方流向電勢低的地方。
後來，我們將這種電勢的高度差稱做「電壓」。

除了在科學研究和生活中有實際用途，電池還證實了一件事，就是能
量是可以相互轉換的。當然，在伏打的年代，大家還不知道這個道
理。此外，電池其實也顯示出一種新的能量來源——化學能。

化學電池可應用在實驗室裡做實驗，但不足以提供工業和生活用電，因為電池裡的電量太少了，而且價格又昂貴；想要獲得大量的電能，就需要發電，也就是把其他形式的能源轉換成電能。所幸，有了伏打電池，使科學家了解電學的原理，尤其是電和磁的關係。後來，則經歷了大約半個世紀的時間，才實現了機械能與電能的相互轉換。

►08
電力時代來臨

1820年，丹麥物理學家漢斯‧厄斯特無意間發現了通電導線旁邊的磁針會改變方向，因此發現了**電流的磁效應**，這是人類在發現天然磁現象之後，首次透過電流產生磁場。同年，法國科學家安培受到厄斯特的啟發，發現了通電線圈和磁鐵有相似的性質。安培接下來又完成了電學史上幾個著名的實驗，並且總結出**電磁學**的很多定律，比如安培右手定律等。

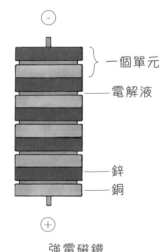

19世紀初，美國科學家約瑟夫‧亨利獨自發現了強電磁現象，並且發明了強電磁鐵。亨利用絕緣的銅線圍著一個鐵

一個單元
電解液
鋅
銅
強電磁鐵

芯纏了幾層，然後讓銅線圈通上電流，結果發現，這個小小的電磁鐵居然能夠吸起百倍於自身重量的鐵塊，比天然磁鐵的吸引力強多了。現今，強電磁鐵成為發電機和馬達中最核心的部分。

電能不會憑空產生，它必須從其他能量轉換而來，若依靠電池這種將少許的化學能變成電能的裝置，顯然無法滿足大量的電力需求；因此，需要發明一種設備，能夠將機械能、熱能或者水力源源不斷的轉換為電能，這就是現今所說的發電機。

世界上第一臺真正能夠運作的直流發電機，是由德國的發明家，商業鉅子維爾納‧馮‧西門子所設計的。西門子本身是一位企業家，他從事發明，更多的是為了應用（根據西門子公司官方網站上的說法是「應用導向的發明」）。1866年，他受到法拉第研究工作的啟發，發明出直流發電機，隨後就由他自己的公司生產製造。從此，人類又可

> 西門子（Siemens）是物理電路學中，有關於電阻、電納、導納，三種物理值的單位，符號為S，這是為了紀念德國電氣工程學家維爾納‧馮‧西門子。

以利用一種新的能量——電能，並且由此進入了電力時代。

電力的應用，直接導致了以美國和德國為中心的第二次工業革命。在全世界，對於電的普及和應用貢獻最大的兩位發明家，當數愛迪生和特斯拉。

愛迪生身上至少有三個標籤：自學成才、大發明家、老年保守。第一

擁有超過兩千項發明的大發明家

個標籤其實意義不大，第三個是誤解，第二個才是他真實的身分。

在很多的勵志故事中，愛迪生被說成一個帶有殘疾（耳聾）、沒有機會接受教育、靠自學成才，以及努力工作成就一番事業的發明家。其實，愛迪生的父母並不是沒受過教育的人，他的父親是一位不成功的商人，他的母親當過小學教師。愛迪生雖然只在學校裡上了三個月的課，但是在家中，母親一直為他傳授知識；愛迪生從小就對新事物好奇，愛做實驗，喜歡發明東西。

愛迪生廣為人知的是他發明了實用的電燈、留聲機和電影放映機等許多電器、機器，他發明電燈的故事可謂家喻戶曉，這也成為眾多勵志讀物的內容。通常大家強調的是愛迪生勤奮的一面，我們從另一個角度來看，愛迪生發明白熾燈時，是如何解決問題的。

在愛迪生之前，人們已經懂得，電流通過電阻會發熱，當電阻的溫度達到攝氏1000多度後就會發光，但是，大部分金屬在這個溫度下就已經熔化或者迅速氧化了；因此，早期處於研究階段的電燈，不僅價格昂貴，而且用不了幾個小時就燒毀了。愛

電阻是導體對電流通過的阻礙作用，它的大小與導體的長度、橫截面積、溫度和成分有關。如果把電流比喻為水流，電阻就像水中的石頭，會阻礙水流通過。

白熾燈

迪生的天才之處，在於他發現了問題的關鍵——**燈絲**，將燈絲加熱到攝氏1000多度而不被燒斷，是很不容易的事，因此，愛迪生首先考慮的就是耐熱性。

為了改進燈絲，他和同事先後嘗試了一千六百多種耐熱材料。他們實驗過碳絲，但是當時沒有考慮到碳絲高溫時容易氧化的特點，因此沒有成功；他們還實驗了貴重金屬鉑金，它幾乎不會氧化，而且熔點很高（攝氏1773度）。但鉑金非常昂貴，這樣的燈泡大家根本買不起。

在大量的實驗過程中，他們發現將燈泡抽成真空後，可以防止燈絲的氧化。於是，愛迪生又回過頭來重新嘗試他過去所放棄的各種燈絲材料，並且發現，竹子纖維在高溫下碳化形成的碳絲，是合適的燈絲材料，這才發明出可以照明幾十個小時的電燈；但是碳絲太脆弱易損壞，於是愛迪生再次改進，最後找到了更合適並且被使用至今的鎢絲。

鎢的熔點高達攝氏3400多度，而且不容易氧化，加上鎢絲的延展性很好，不容易斷裂，所以是製作燈絲的理想材料。

在發明白熾燈的過程中，愛迪生不是蠻幹，而是一邊總結失敗的原因，一邊改進設計。在科學研究中，從來不缺乏勤奮的人，但是更需要愛動腦筋的人，愛迪生就是這樣的人。

愛迪生的第三個標籤是老年保守，他拒絕使用交
流電，而且還發表了很多貶低交流電的不實之
詞。其實，交流電可以方便的轉換為高壓電，利
於輸送大量電力，輸送過程中的電能損耗便可忽
略不計；而直流電在轉換為高電壓過程中，電能
損耗極大，所以就不利於遠距離傳輸。

事實上，愛迪生和特斯拉針對輸電方式爭論時，
正當四十歲，並非「老年」。這場爭論也並非是
單純的技術問題，更多的是商業問題。

特斯拉，交流電之父

直流電：電流大小和方向不會隨
著時間變化。例如：乾電池、太陽
能電池板發出來的電都是直流電。
交流電：電流強度與方向都會隨
時間做週期性變化。例如：一般
的家用電源就是交流電。

當時，交流輸電、發
電以及交流發電機技
術的專利，掌握在西
屋電氣公司和特斯拉
手中。而愛迪生曾經
是特斯拉的老闆，兩
人不合，所以愛迪生
無法低價從特斯拉那
裡獲得專利使用權。

另外，雖然當時的直流輸電會有損耗，但依然能夠維持愛迪生公司的
營運。

相比講究實際的愛迪生，特斯拉則是一個喜歡狂想、超越時代的人。
他有很多超前的想法，比如無線傳輸電力（直到今日才實現）。特斯
拉一生有無數的發明，他靠轉讓專利所賺的錢，比開公司還多得多；
然而，特斯拉後來又將所有的錢投入，研究那些至今無法實現的技術

上，最後一無所獲。他的晚年過得十分悲慘，在他去世前，已經沒有人關注這位偉大的發明家了。直到現在，人們才又重新關注他。

西屋電氣公司採用了特斯拉的技術，為此支付了高額專利費，除了一次性支付價值6萬美元的現金以及股票，同時每單位電力還要再支付2.5美元，西屋電氣差點因此破產。最後，經過與特斯拉等人協商，西屋電氣以相對合理的價錢（近22萬美元）買斷了他們的專利，公司才算是活了過來，並使交流電在全世界普及和推廣。

現今有80％～ 90％的產業，早在人類學會使用電之前就已經存在了，但是電力使這些產業脫胎換骨。比如在交通、城市建設等方面：電梯發明後，在美國的紐約和芝加哥等大城市，摩天大樓如雨後春筍般出現；而有軌電車和地鐵也為城市公共交通帶來極大便利。立體城市和交通的發展，又造成超級大都市的誕生。

電本身還有一些特殊的性質（如正負極性），利用這些性質可以讓物質發生化學變化。例如，經由「電解」這個化學反應，人類發現了很多新的元素，如鈉、鉀、鈣、鎂等；電解法也改變了冶金業，純銅和純鋁就是依靠這種方法生產的。

此外，電影的出現改變了人類的娛樂方式；電燈的出現改變了人類幾萬年來日出而作、日落而息的生活習慣。

電不僅可以承載能量，還能承載資訊，這就促成了後來的通訊革命。

►09
電報與電話

在人類幾千年的文明史上，想要在遠距離上快速傳遞資訊，一直是個大問題。

人類發明語言、文字和書寫系統，寫字的泥板、竹簡，還有紙張和印刷術，都是為了資訊的傳遞。

直到19世紀初，即使正逢最緊急的時候，人們也還只能選擇「飛鴿傳書」或「快馬加鞭」。中國古代倒是有過遠端傳輸資訊的發明——烽火臺，當邊境有外敵入侵時，守軍點燃高處的烽火臺，遠處另一個烽火臺的守軍看到後，便點燃自己的烽火臺，依次傳遞這項消息。

烽火臺確實曾發揮過巨大的作用，但烽火臺所能傳達的資訊只有兩種，有敵情或沒有敵情。

如果要向遠距離傳遞多種資訊呢？大航海時代，為了便於船隊之間的通訊，水手發明了**信號旗**。海上的信號旗語後來不斷發展、不斷改進，一直沿用至今。

現今國際通用的海上信號旗

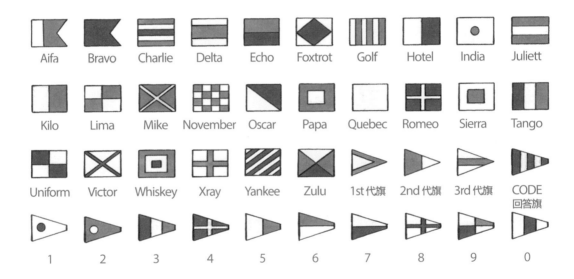

但是在陸地上，由於有山巒、森林和城市的阻擋，無法使用這種方法。到了18世紀末，一位默默無聞的法國工程師克洛德·沙普，他結合烽火臺和信號旗的原理，試圖設計一種高大的機械手臂來實現遠端傳遞資訊。

沙普在他四個兄弟的幫助下，搭建了十五座高塔，綿延兩百公里，每座高塔上有一個信號臂，每個信號臂有一百九十多種姿勢，這樣就足以把拉丁文中的每個字母和姿勢一一對應起來。

雖然這種信號塔的造價比較貴，但是當時法國正好在和奧地利等反

法同盟國家開戰，急需傳遞情報的系統，於是軍方一口氣建造了
五百五十六座，在法國建立起了龐大的通訊網。由於信號塔在通訊中
發揮效用，後來西班牙和英國也紛紛仿效，並且改進了沙普的設計，
讓信號臂的姿勢看起來更清楚。一直到電報出現之後，信號塔才漸漸
不再發揮作用。

信號臂的姿勢對應
的英文字母和數字

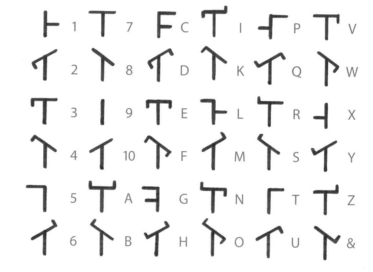

沙普設計的信號臂

電報的發明，要感謝一位
精通數學和電學的美國畫
家，塞繆爾・摩斯。摩斯
是一位優秀的畫家，很多
名人（包括美國第二任總
統約翰・亞當斯）都請他
畫過肖像畫，即使在發明
了電報之後，他還是繼續
以作畫、賣畫為主業。

摩斯發明電報是一個偶然
事件。1825年，摩斯獲得一份大合約，紐約市出價1000美元請他去畫
畫。摩斯當時住在康乃狄克州的紐哈芬市，而作畫地點是五百公里外
的華盛頓市，但是為了這1000美元（相當於現在的70萬美元）鉅款，
他還是去了。在華盛頓市期間，摩斯收到父親來信，說他的妻子病
了，摩斯馬上放下手上的工作趕回家；但是等他趕到家時，他的妻子
已經下葬了。這件事對他的打擊非常大，從此他開始研究快速通訊的
方法。

摩斯的電學和數學基礎扎實，他解決了電報中兩個最關鍵的問題：一
是如何將訊息或文字變成電訊號，二是如何將電訊號傳到遠處。

1836年，摩斯解決了電訊號對英語字母和阿拉伯數字編碼的問題，
這便是**摩斯電碼**。我們在諜報片中經常看到發報員「滴滴答答」的發
報，這是因為繼電器開關接觸時間的不同。「滴」是開關短暫接觸，
「答」是開關長時間接觸，「答」至少是「滴」的三倍時間。這樣一
來，用「滴答」的組合就可以表示出所有的英語字母與數字。

1838年，摩斯與他的搭檔
開發出新型發報機，解決了
訊號傳輸問題。這個裝置
頗為巧妙，當發報人將繼電
器開關短暫接通後（發出
「滴」聲），接收裝置上的
紙帶就往前挪一小段，同時
有油墨的滾筒就在紙帶上印
出一個點；當電路接通較長
時間（發出「答」聲）後，
接收裝置上的紙帶就往前走
一大段，同時油墨印出一條
較長的線。接收人根據紙帶
上的油墨印跡，就可以轉譯
成文字。

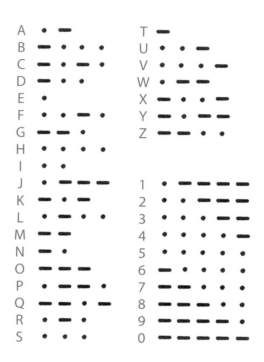

摩斯電碼對應英文字母和數字

1844年，美國第一條城市之間的電報線（從巴爾的摩到華盛頓）建
成，在通訊史上具有劃時代意義，從此人類進入了**即時通訊時代**。

電報發明後，最早幫助普及電報業務的是新聞記者，因為他們有大量
的電報需要發送。19世紀40年代末，紐約六家報社的記者組成了港口
新聞社（美聯社的前身），他們彼此用電報傳送新聞。從此，世界各地
的新聞社開始湧現。

1849年，德國人路透將原來的信鴿通訊改成了電報通訊，傳遞股票
消息。兩年後，他在英國成立了辦事處，這就是後來路透社的前身。
1861年，美國建成了貫穿北美大陸的電報線，從前使用馬車傳遞信件

快馬郵遞被電報取代

需要二十天的時間，而透過電報，一下子便可完成了，美國的快馬郵遞逐漸退出了歷史舞臺。

1866年7月13日，美國企業家賽勒斯‧韋斯特‧菲爾德在經歷了十二年的努力之後，終於完成了跨越大西洋的海底電纜的鋪設，歐洲舊大陸從此和美洲新大陸連接在一起。

除了為新聞通訊服務，電報很快被用在軍事上。借助電報的即時通訊優勢，德國軍事家老毛奇提出了一整套全新的戰略戰術，讓不同區域的軍隊彼此能更好的配合，這使得他們稱霸歐洲；同時，為了保密，電報還促進了資訊加密技術的發展。

對老百姓來說，比電報更實用的遠端通訊是電話。因為普通的家庭是不可能自己裝電報機的，一般人也不會去學習摩斯電碼和收發電報。

一般認為，是由美國發明家兼企業家亞歷山大‧貝爾發明電話，並且創立了歷史上最偉大的電話公司AT&T（美國電話與電報公司，貝爾電話公司的前身）。

亞歷山大·貝爾：喂？

不過，為了討義大利人的歡心，2002年美國國會認定，電話發明者是義大利人安東尼奧·穆齊，他確實在貝爾之前發明了一種並不太實用的電話原型機。但即使在義大利，也沒有多少人知道他。

貝爾的母親和妻子都是聾啞人，貝爾本人則是一個聲學家，以及指導聾啞人溝通的教師。他一直想發明一種助聽設備來幫助聾啞人，然而最終卻發明出**電話**。

1873年，貝爾和他的助手托瑪斯·奧吉斯塔吉·華生，開始研究製作電話。當時，全世界有不少人都致力於發明電話，而且進度相差不多。貝爾能夠獲得電話的專利，要感謝他的合作夥伴哈伯德，1876年2月14日，哈伯德交代律師去美國專利局替貝爾申請了專利；僅僅幾個小時後，另一位發明家伊萊沙·格雷也向專利局提交了類似的電話發明申請。

貝爾和格雷不得不為電話的發明權打官司，一直打到美國最高法院。最後，法官認為貝爾提交專利申請的時間更早一點，最終裁定貝爾為電話的發明者。1876年3月7日，貝爾獲得了電話的專利。

電話是用電做為媒介來傳輸聲音的。因為當傳輸距離很遠時，聲音傳播的速度不夠快，而且在傳播過程中會有所損耗，所以要先把聲音轉變成電訊號，傳到對方那裡之後，再把電訊號還原成為聲音。

1876年3月10日，在實驗過程中，華生忽然聽到聽筒裡傳來了貝爾清晰的聲音：「華生先

除了電話，貝爾還發明了載人的巨型風箏；為加拿大海軍發明了用於在二戰時與德國U艇抗衡的水翼船；改良了留聲機。他和美國盲聾女作家——身兼教育家、慈善家、社會活動家的海倫・凱勒，是友誼最為長久、感情最好的朋友。

生，快來，我想見到你！」這是人類第一次透過電話將語音成功的傳到遠處。後來幾經改進，1876年8月，兩人終於研製出世界上第一部實用的電話機。

貝爾不僅發明了實用的電話，而且還依靠他精明的商業頭腦，推廣和普及電話。1877年，全世界第一條商用電話線在波士頓開通；同年，貝爾電話公司成立。1884年，貝爾和華生在波士頓跟紐約進行了兩地首次的長途通話，並且成功，這兩地之間相隔三百多公里。1915年，從紐約到舊金山的長途電話開通，將相隔五千多公里的美國東西海岸連結在一起。到20世紀初，除了南極洲，世界各大洲都有了四通八達的電話網，原本要花幾天甚至幾個月才能傳遞的資訊，瞬間便可以藉由電話完成；原本必須見面才能解決的問題，很多都可以透過電話解決了。

貝爾發明的電話

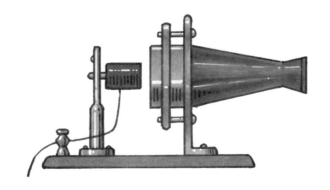

當電報和電話被發明之後，接下來就是廣播和電視了。

▶10
廣播與電視

在介紹廣播與電視前，我們先講與它們緊密相關的無線電。

無線電技術的發展離不開馬克士威的電磁學理論。與之前很多電磁物理學家（如法拉第）不同，馬克士威的理論水準極高，他建立了非常嚴密的電磁學理論。1865 年，馬克士威在英國皇家學會的會刊上發表了《電磁場的動力學理論》，並在其中闡明了電磁波傳播的理論基礎；1887 年，德國物理學家赫茲透過實驗證實了馬克士威的理論，證明了無線電輻射具有波的特性，發表了一系列論文。

電信產業其實只是通訊的一部分，廣播、電視，乃至整個網際網路也都屬於廣義的通訊領域。這些產業的通訊狀態是這樣的：

- 單向一對一的通訊：電報
- 單向一對多的通訊：廣播、電視等
- 雙向一對一的通訊：電話
- 雙向多對多的通訊：網際網路

1893 年，特斯拉在美國聖路易斯首次公開展示了無線電通訊；1897年，特斯拉向美國專利局申請了無線電技術的專利，並且在 1900 年被授予專利；然而，1904 年，美國專利局又將他的專利權撤銷，轉而授予義大利發明家馬可尼。這種事情在歷史上很少見，背後的原因是馬可尼有愛迪生的支持，還有當時的鋼鐵大王，慈善家安德魯・卡內基的支持。1909 年，馬可尼和卡爾・費迪南德・布勞恩因「發明無線電報的貢獻」共同獲得了諾貝爾物理學獎；1943 年，美國最高法院重新

認定特斯拉的專利有效，但這時特斯拉已經去世多年了。

馬可尼

特斯拉和馬可尼的技術最初是用於無線電報，但是很快就被用在民用收音機上。1906年，加拿大發明家范信達在美國麻薩諸塞州實現了歷史上首次無線電廣播，他用小提琴演奏《平安夜》，並且朗誦《聖經》片段；同年，美國人李‧德富雷斯特發明了真空管，真空管收音機隨即誕生。

1924年，蘇格蘭發明家約翰‧羅傑‧貝爾德受到馬可尼的啟發，他利用無線電訊號傳送影像，並成功在螢幕上顯示出圖像。十五年後（1939年），美國無線電公司RCA推出了世界上第一部黑白**電視機**；又過了十五年（1954年），RCA推出了第一部彩色電視機，世界從此進入了電視時代。

第一代電視機，如同一座笨重的大衣櫃，木製底座搭配著灰色的螢幕，讓人有種穿越時光的感覺。

技術進步所帶來的作用是全方位的，它不僅能創造財富，也能改善我們的生活，甚至能左右政治。

1960年，在美國總統大選前，第一次透過電視轉播總統候選人辯論，由當時的共和黨候選人尼克森對陣民主黨候選人甘迺迪。

當時收音機的聽眾認為尼克森佔了上風，但是電視機的觀眾看到甘迺迪輕鬆自若、談笑風生，而大病初癒的尼克森卻顯得蒼老無力，天平在不知不覺中就倒向了甘迺迪。從此之後，電視開始左右美國的政治，以至所有的候選人都要投入巨額的電視廣告費。這種情形一直持續到2016年的美國總統大選，網際網路大幅取代電視，發揮了更有效的宣傳作用。

跟電影的原理相似，電視利用人眼的視覺暫留效應，透過快速顯現一幀幀漸變的靜止圖像，形成視覺上的動態圖像。電視系統發送端把景物的各個細微部分，按照亮度和色彩轉換為電訊號後，依順序傳送到終端。

從有了語言文字開始，人類在資訊交流上有幾次大的進步，包括書寫系統的出現、紙張和印刷術的發明等，每一次都極大的提高知識和訊息的傳播速度。但是，當電力用於通訊之後，人類的通訊就簡直以光速前進了，這不僅使資訊的傳輸變得暢通有效，也使科技的影響力快速的向全世界傳播。

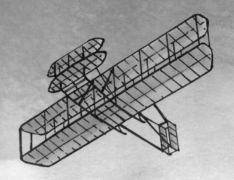

第七章

新工業

自從人們開始使用機械後，就不斷的尋找更多的能量來源。新的能源，不僅可能改善人類的生活，也有可能激化人類內部矛盾、甚至引發戰爭。煤和電是工業革命初期的兩大能源，但它們都有各自的缺點：煤會帶來高汙染，而且與之搭配的蒸汽機十分笨重；至於電力的穩定轉換和傳輸則是個難題。

石油的出現以及內燃機[★]的發明，很大程度上解決了這些問題。石油不僅是能量來源，還是許多化學工業產品的原料；同時，石油做為工業革命的結果之一，它把人類澈底送進了熱兵器時代。

★編註：內燃機是一種機械裝置，可將燃料的化學能轉換為動能。如車、船、飛機的引擎。

▸01
地球的黑色血液

早在西元前10世紀之前，古埃及人、美索不達米亞人和古印度人就已經開始採集**天然石油**（準確的說是一種天然瀝青）。但他們並不是將天然瀝青當做能源來使用，而是將它做為一種原料。在古巴比倫，瀝青被用於建築；而在古埃及，它甚至被用於製藥和防腐，「木乃伊」一詞的原意就是瀝青。

中國在西晉時開始有了關於石油的記載。到南北朝時，酈道元在《水經注》中介紹了石油的提煉方法，這應該是世界上最早關於煉油的記載。

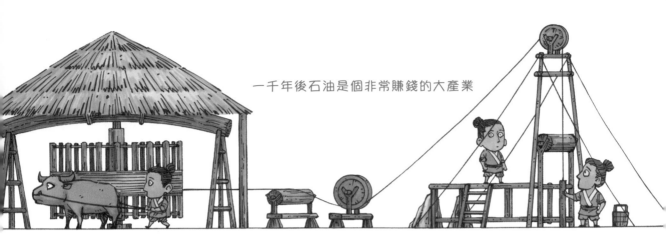

一千年後石油是個非常賺錢的大產業

此後，在北宋沈括的《夢溪筆談》中，也有利用石油的記載。

做為能量的來源，石油首先被用在戰爭中，而不是取暖或者照明。很多文明都有將石油當做火攻武器的記載，但是大家並不把它用於燃料或者照明上，因為原油燃燒時產生的油煙太大，而且火苗不穩。

石油真正被廣泛用於照明，要感謝加拿大的發明家亞伯拉罕·格斯納，和波蘭發明家伊格納齊·武卡謝維奇。他們於 1846 年和 1852 年先後發明出從石油中提取煤油的低成本方法。從此以後，使用煤油照明就不再有石油的那些缺點。

1846 年，在中亞地區的巴庫建造了世界上第一座大型油田；1861 年，建造了世界上第一座煉油廠。19 世紀末，在北美大陸的許多地方都發現了大型油田，煤油很快取代蠟燭

在大地上
鑽出黑色的血液

成為西方主要的照明材料。也就是在這個時期，約翰・洛克菲勒成了世界石油大王，並掌控了美國的煉油產業。

石油躍升成為世界主要能源的原因之一，是靠內燃機的發明。透過內燃機和汽油（或者柴油）來提供動力，比運用蒸汽機和煤更方便、更高效，也更潔淨。因此，從19世紀末開始，全世界的石油使用量劇增。

時至今日，石油依然是世界上最主要的能量來源之一。百年來，許多國家之間的矛盾經常圍繞著石油展開。

石油登場後，發生了兩次世界大戰。

第一次世界大戰前夕，擔任英國海軍大臣的邱吉爾敏銳的認識到，油比煤更適合做為軍艦的動力，它讓軍艦更快、更靈活，也更省人力。於是，在他任內，所有艦船的燃料都從煤炭改換成油，英國皇家海軍在第一次世界大戰中，展現出強大的戰鬥力。

第二次世界大戰中，不少重要的戰役都和爭奪石油有關，比如蘇聯和德國爭奪巴庫油田的一系列戰役；日本進軍南太平洋爭奪石油資源的諸多戰役等。石油不僅成了各方爭奪的戰爭資源，也決定了戰爭的走向和結果。

這位具有遠見卓識的溫斯頓・邱吉爾，在第二次世界大戰中出任英國首相。

除了在軍事上和涉及國家安全戰略的重要領域；在民用領域，石油工業也變得舉足輕重。由於石油本身就是許多化學工業產品的原料，石油工業極大的促進了化學工業的發展。

▶02 無處不在的化學

嚴格來說，臭豆腐也算是化學製品，釀酒、釀醋等工藝更是早已存在，但這些小作坊式的製造並不算工業。化學工業與科學連結起來並得到長足發展，是在19世紀，那時候，鋼鐵工業迅速發展，需要生產大量的焦炭做為材料。這個過程產生了大量被稱為煤焦油的廢物，於是化學家在研究煤焦油的特性時，發展出化學工業。

1856年，英國化學家威廉・亨利・珀金正值十八歲，他偶然發現，煤焦油裡的苯胺成分，可以用來生產紫色的染料，於是他申請並獲得了製造染料「苯胺紫」的專利。

焦炭其實是「熟了」的煤，它的成分更純淨。將煤隔絕空氣，放入煉焦爐高溫烘烤，隨著溫度升高，煤會失去內含的水和氣體，升到1000℃後，最終變成焦炭。

威廉・亨利・珀金

由於當時染料的價格昂貴，各國化學家也爭相嘗試用煤焦油研製染料，很快就陸續發明出各種顏色的化學合成染料。

後來，更廉價的石油和天然氣出現了，它們比煤焦油的產量更高、使用更方便。從此開啟了石油化學工業，大幅改變了人們的生活。現在隨處可見的塑膠，大部分也是石油製品。

1898年，德國科學家佩希曼在一次實驗事故中，意外合成出現**聚乙烯**──現今常用的塑膠。但由於生產聚乙烯的原料「乙烯」在自然界中很少，因此無法大規模生產。

1907年，出生於比利時的美國科學家貝克蘭，發明了用苯酚和甲醛合成酚醛塑膠材料的方法。這種塑膠不僅價格低廉，而且耐高溫，適用範圍很廣，從此開創了塑膠工業，而貝克蘭也被稱為「塑膠工業之父」。

19世紀末至20世紀初，俄國和美國的工程師先後發明出，透過裂解方法，從石油中提煉乙烯的技術。隨後在20世紀20年代，美國的標準石

油公司（Standard Oil）開始從石
油中提取乙烯；1933年，英國的
帝國化學公司，也在無意中發現
了從乙烯到聚乙烯的合成方法。
因為有了充足的原料供應，聚乙
烯材料得以廣泛應用。在此之
後，人類以石油為原料，發明製
造出各種各樣的新材料，比如合
成橡膠和尼龍。

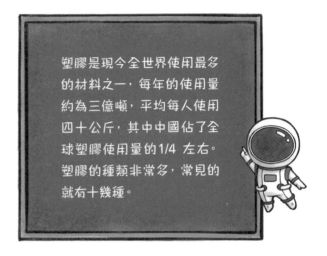

塑膠是現今全世界使用最多
的材料之一，每年的使用量
約為三億噸，平均每人使用
四十公斤，其中中國佔了全
球塑膠使用量的1/4左右。
塑膠的種類非常多，常見的
就有十幾種。

人類使用**橡膠**的歷史可以追溯到西元前16世紀的奧爾梅克文明，最早
的考古證據來自中美洲出土的橡膠球；後來，馬雅人也學會利用橡膠
製造東西；阿茲特克人甚至會用橡膠製作防雨布。

天然橡膠如果沒有經過處理，既不結實，也缺乏彈性。1839年，美國
發明家查理斯・固特異發明了橡膠的硫化方法，將硫磺和橡膠一起加
熱，形成硫化橡膠，讓它更加實用。

固特異雖然找到了處理橡膠的實用方法，但是
對橡膠的化學成分並不清楚。1860年，英國人
格蘭威爾・威廉斯經由分解蒸餾法實驗，發現
了天然橡膠的單元結構是「異戊二烯」，這為
後來合成橡膠的方法提供了基礎。

人類對橡膠大量的需求是在汽車誕生之後，因
為**汽車輪胎**的主成分是橡膠。現今世界上那些
著名的橡膠公司，包括德國的馬牌、義大利的倍耐力、法國的米其林

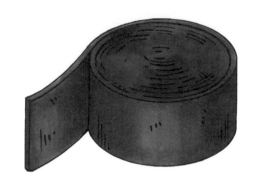

和美國的固特異等公司，都在19世紀末誕生。然而，橡膠樹只生長在溫暖潮溼地區，世界上大部分國家的環境都不適合種植，因此天然橡膠的產量極為有限；到了戰爭年代，如中國、日本或者德國等沒有出產天然橡膠的國家，就有被敵人切斷橡膠供應的風險。因此，德國從20世紀初就開始想辦法用人工合成橡膠，而合成橡膠的原料依然是石油。

1909年，德國的科學家弗里茨・霍夫曼等人，使用異戊二烯聚合出第一種合成橡膠，但是品質太差，無法使用。在隨後十多年裡，歐美各國合成出各種不同的人造橡膠，但是都因為品質太差，不堪使用。

20世紀30年代，德國化學家施陶丁格提出了「長鏈大分子結構理論」，蘇聯化學家謝苗諾夫提出了「鏈式聚合理論」。有了這些理論的指導，用小分子材料聚合大分子材料，以人工合成出實用的橡膠製品，才得以實現。

在二戰期間，由於日本佔領了全世界重要的橡膠產地東南亞，於是美國和蘇聯加速了合成橡膠的研發和生產。1940年，美國百路馳公司和固特異公司分別研製出高性能、低成本的合成橡膠，對於確保二戰時橡膠的供應有很大幫助；20世紀60年代，殼牌石化公司發明出人工合成的聚異戊二烯橡膠，首次用人工方法，

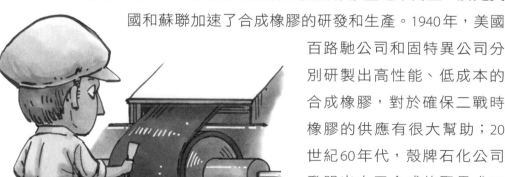

製造出化學結構基本上與天然橡膠一樣的合成天然橡膠，從此，人造橡膠可以澈底取代天然橡膠了。現今，全世界每年生產超過2500萬噸橡膠，其中一半以上是合成橡膠。

> 天然橡膠是一種天然高分子化合物，以聚異戊二烯為主要成分。

合成橡膠是人類有意複製天然產物得來的，那麼，**尼龍**則是從無到有的人造物，是化學工業與紡織工業的首次結合。

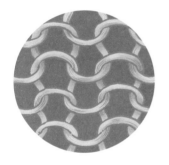

1928年，杜邦公司成立了基礎化學研究所，負責人是當時年僅三十二歲的卡羅瑟斯博士；1930年，卡羅瑟斯的助手發現了一種「聚醯胺纖維」，這種材料在各方面都與蠶絲類似，還比天然蠶絲結實，延展性非常好，卡羅瑟斯意識到這種人造物具有商業價值，進行了深入的研究。1935年，世界上第一種**合成纖維**誕生了，它後來被命名為尼龍。

> 纖維是指細絲狀的物質或結構，包括天然的或人工合成的物質。

令人遺憾的是，1937年，卡羅瑟斯因憂鬱症自殺身亡。1939年10月24日，用尼龍製造的長筒絲襪上市，引起轟動。與現在追求「天然」不同，尼龍絲襪當時在美國被視為珍奇之物，有錢人爭相購買，而追求時髦的底層婦女，因為買不起絲襪，只好用筆在腿上畫出紋路，冒充絲襪。

尼龍絲襪是當時的奢侈品

除了絲襪，尼龍後來也被用於服裝面料，並且用途愈來愈廣泛。此後，又有愈來愈多的合成纖維被發明出來。現今，很多以人工合成方法得到的高品質超細纖維，在機能上已完全可以媲美純棉製品。

在石油工業和化學工業的發展過程中，能量一直是個關鍵字。一方面，煤和石油是提供能量的化石燃料；另一方面，化學工業本身也消耗大量能量，在人類有能力掌握足夠的能量來源之前，是無法推動發展的。

化學工業的發展，也對農業產生了巨大影響。

▶ 03 化學肥料與農藥

化學工業的出現，不僅解決了交通、穿衣等問題，更重要的是解決了糧食問題。人類普遍能填飽肚子，是在化學工業出現之後，而這裡面和吃飯最相關的兩類化工產品，就是**化學肥料**和**農藥**。

通常情況下，土壤中的營養元素氮、磷、鉀的含量，並不夠滿足農作物生長的需求，需要額外施用含氮、磷、鉀的化肥來補足。

1840年，德國著名化學家李比希出版了《有機化學在農業和生理學中

的應用》一書，創立了植物的礦物質營養學說和歸還學說。他指出，礦物質是農作物生長的唯一養分，而且農作物從土壤中吸走的礦物質養分，必須以施肥的方式歸還到土壤中，否則土壤將日益貧瘠。他的觀點引起了一場農業理論的革命，隨後，磷肥、鉀肥、氮肥紛紛被發明出來，但它們的工業化大規模生產一直是個難題。

硝酸銨是一種無臭的透明晶體或白色晶體，極易溶於水中，容易吸溼結塊。溶解時會吸收大量熱，受到猛烈撞擊或受熱時會爆炸性分解，遇鹼也會分解。

1909年，德國的化工專家弗里茲・哈伯利用氮氣和氫氣合成出氨氣，從此開創了化學肥料工業。後來爆發了第一次世界大戰，這項發明首先被用於製造炸藥的原料「**硝酸銨**」，取代天然的礦產，智利硝石「硝酸鈉」。

到了二戰時期，硝酸銨成了製造炸藥的必備原料，美國為了替自己和盟國提供軍火，生產了大量硝酸銨。但戰爭過後剩下一大堆硝酸銨，於是乾脆倒在森林裡做氮肥。

農藥和化肥不僅共同解決了人類的溫飽問題，而且大大降低了農業勞動力的比例──從全球勞動力當中1/2以上，降到了1/3以下。

人類使用農藥的歷史，可以追溯到四千五百年前的美索不達米亞文明，當地人對農作物噴灑硫磺來殺滅害蟲；後來，古希臘人燃燒硫磺來熏殺害蟲；15世紀之後，歐洲人先後用重金屬物質，以及植物萃取物，尼古丁、除蟲菊、魚藤酮等做為農藥。但這些農藥不僅成本高、效果差，而且對人體的傷害很大。最早真正靠化學工業製造出來的有

效殺蟲劑，是 **DDT**（滴滴涕，化學名為雙對氯苯基三氯乙烷）。1939
年，瑞士化學家保羅‧穆勒發現了 DDT 的殺蟲作用，並且發明出它的
工業合成方法；1942 年 DDT 上市，當時正值二戰期間，很多地區有傳
染病流行，DDT 的使用令瘧蚊、蒼蠅和蝨
子得到有效的控制，並大幅降低瘧疾、
傷寒和霍亂等疾病的發病率。

DDT 的第一大功績是在農業上的增產。由
於 DDT 製造成本低廉，
殺蟲效果好，而且對人
體危害較小，因此很快
在全世界普及。DDT 等
農藥的使用，效果立竿
見影，令農作物的產量
大增。

> 瘧疾是一種蟲媒傳染病，經
> 由瘧蚊叮咬或被輸入帶瘧原
> 蟲者的血液，而感染了瘧原
> 蟲。症狀包括週期性寒顫、
> 發熱、頭痛、出汗、貧血、
> 脾臟腫大等；兒童的發病率
> 高；大都在夏秋季節流行。

DDT 的第二大功績是消
除了全球範圍的傳染
病。二戰後，在很多窮困落後的國家，靠使用 DDT 殺蟲，有效的控制
了危害當地人幾千年的多種傳染病。印度在使用 DDT 之後，瘧疾的患
病數量就從 7500 萬例減少到 500 萬例。據估計，二戰後，DDT 的使用，
使五億人免於危險的流行病。

1962 年，全球瘧疾的發病率降到了極低值，但同時，美國海洋生物學
家瑞秋‧卡森女士，她出版了改變世界環保政策的一本著作——《寂
靜的春天》。卡森在書中講述了 DDT 對世界環境造成的各種危害，由於
DDT 的廣泛使用，造成了鳥類代謝和生殖功能紊亂，很多鳥類瀕臨滅

絕。春天到來時，已經很難聽到鳥的歌唱了，所以
她把著作取名為《寂靜的春天》。當然，DDT的受
害者不僅是鳥類，還有其他動物，也包括吃了受到
汙染魚類的人類，《寂靜的春天》一書促使美國於
1972年禁止使用DDT。目前全世界有超過八十六個
國家禁止使用DDT。

《寂靜的春天》

現今，雖然很多人一聽到化肥和農藥就本能的反感，但是它們促進了
人類文明的進步，這是不可否認的。化肥和農藥，大大提升了農業的
效率，使得人類可以用很少的耕地養活大量的人口，這對環境也是一
種保護。或許未來我們有比使用化肥和農藥更好的增產方式，而這有
賴於科技的進一步發展。

▶04
輪子再加上內燃機

「衣食住行」中的「行」是運輸的意思，也就是將人或物從一個地方送
到另一個地方，這是人類最基本的需求。最初，人類只能依靠自己徒
步遷徙；後來，輪子和馬車出現了，人們可以更省力、更便捷的到達
遠方；再往後，發明出用蒸汽機驅動的火車與輪船，具有很大的運載
量，且適合遠距離運輸。不過，火車需要在鐵軌上行駛，輪船只能在
水裡行駛，兩者都缺乏靈活性。因此，在工業革命之後，發明家都試
圖製造出一種能在普通路面上行駛的交通工具。

汽車的發明並不是一件簡單的事情，橡膠輪胎、火星塞和鉛蓄電池的發明，對於汽車的誕生都必不可少，但**內燃機**的發明更是最重要的。

說到內燃機，總要提到奧托這個名字，內燃機做功的過程被稱為「奧托循環」，而汽車用的引擎和很多其他

尼古拉斯・奧托

內燃機是熱機（各種轉變熱能為機械能的機器的統稱，如蒸汽機、引擎等）的一種，使用汽油、柴油或煤氣做燃料。燃料在氣缸裡燃燒，產生膨脹的氣體來推動活塞，再由活塞帶動連桿而轉動機軸。

的內燃機，都被稱為「奧托式發動機」，因為它們的工作原理和德國工程師尼古拉斯・奧托當初的發明相似。1862至1876年間，奧托引入壓縮行程的概念──先是發明自由活塞式發動機（1864年），後來改良為四行程循環內燃機（1876年），並且發明了內燃機的電控燃料噴射裝置。這種內燃機的能量轉化效率超過10%，而當時效率最高的蒸汽機也只有8%，因此，在隨後的十七年裡，奧托賣出了五萬多部四行程循環內燃機。

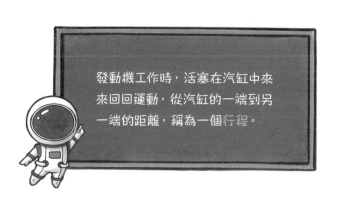

發動機工作時，活塞在汽缸中來來回回運動，從汽缸的一端到另一端的距離，稱為一個行程。

奧托的內燃機是一種具有革命性的發明，被德國授予發明專利；但不久後，這項專利就被奧托的同事戈特利布·戴姆勒給推翻了。戴姆勒也是一位發明家，他的目標是將來要自立門戶，獨立研發新的發動機，因此擔心那些專利會阻礙自己的事業發展。

戈特利布·戴姆勒

奧托並沒有因此氣餒，他乾脆直接放棄了幾十項內燃機的專利。因為不用支付專利費，內燃機技術便迅速在全世界普及，而且進步更多。

奧托和戴姆勒之間存在分歧，奧托希望發展固定的、大型的、取代工廠中蒸汽機的內燃機；而戴姆勒和他的夥伴邁巴赫更想生產小型的、適用範圍更廣的內燃機。於是，戴姆勒和邁巴赫離開奧托，創辦了他們自己的公司，二人在1883年發明出燃燒汽油的小型內燃機，並獲得專利；1885年，他們發明了後來暱稱為「老爺鐘」的內燃機，並且安裝到自行車上，成為世上第一輛**摩托車**，這種內燃機只有0.5馬力，微弱的功率並不足以驅動汽車；又過了一年，戴姆勒終於成功製造出了世界上第一輛使用汽油內燃機的四輪汽車，並且獲得專利。

戴姆勒摩托車（Reitwagen）

戴姆勒和邁巴赫當時並不知道，距離他們僅僅九十七公里的地方，卡爾·賓士也在做同樣的工作——改進內燃

賓士發明的三輪汽車

機和發明汽車。賓士將自行車的後輪改成並行的兩個輪子，把一部奧托內燃機放在車子的後軸上，因而造出全世界第一輛使用汽油內燃機的汽車。

1885年的一天，賓士夫人將這輛三輪汽車開上路，成為有記載的第一位駕駛汽車的人，這比戴姆勒和邁巴赫發明出四輪汽車早了幾個月。1886年1月，賓士獲得汽車發明的專利。隨後，他開始製造、出售「賓士專利汽車」品牌的汽車，但起初銷售情況並不好。賓士的三輪汽車只有0.85馬力，不好控制，上坡的時候還要靠人力拉，場面看起來很滑稽。另外，當時也沒有高品質的汽油做為燃料。

早期的「汽油」不像現今主成分為戊烷到辛烷，而是戊烷和己烷的混合物，石油醚（一種易燃易爆的輕質石油產品）。

隨著逐年改良汽車性能，汽車銷售情況才漸漸變好。不過，賓士採用的內燃機相關技術，與戴姆勒之間產生專利糾紛。

當戴姆勒看到賓士用了他的內燃機技術之後，將賓士的公司告上法庭，並且贏得官司。這樣一來，賓士不得不向戴姆勒支付專利費。

戴姆勒去世後，兩家公司之間有許多合作。1926年，它們新的主人決

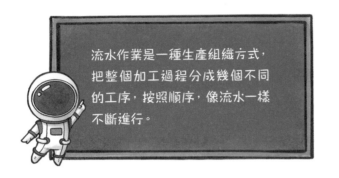

流水作業是一種生產組織方式，把整個加工過程分成幾個不同的工序，按照順序，像流水一樣不斷進行。

定將這兩家競爭了四十年的公司合併，成立了享譽全球的戴姆勒－賓士公司（編註：2022年更名為「梅賽德斯－賓士集團」）。

1901年，美國的奧斯摩比公司，採用標準化的零件和靜態流水線作業，開始製造汽車，將汽車售價降到了650美元，年產量達到四百多輛；到了1902年，產量猛增到兩千五百輛，成為第一個能夠大規模量產汽車的公司。

後來，福特公司在此基礎上又做了改進，將靜態的流水線改為動態的，讓汽車在裝配線上移動，工人則不用移動位置，因而大大提高汽車生產的效率；同時，福特公司使用更加精明的分期付款銷售策略，使更多的人買得起汽車，汽車終於成為大眾商品。1908年，福特公司推出了首款在移動裝配線上生產的福特T型車，這款車當時的售價為825美元，一推出後立即風靡全球，到1927年停產下線時，已經生產了一千五百萬輛，這一紀錄保持了將近半個世紀。

福特T型車

第二次工業革命和隨後汽車的普及，改變了人們的生活方式，人口也開始從中心城市向四周擴散。但是，想要更快捷、更方便的抵達更遠的地方，就需要比火車和汽車更快的交通工具，這就是飛機。

▶▶05
飛上藍天

達文西設計的飛行器

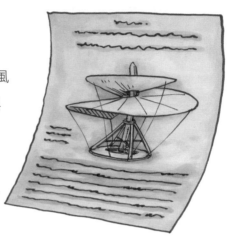

人類一直夢想像鳥一樣飛翔。從中國古代的風箏，到古希臘人製造的機械鴿；從文藝復興時期達文西設計的**飛行器**，到明代陶成道用爆竹製成的火箭，都反映出人們對飛行的渴望。但是，沒有科學基礎的嘗試是難以成功的。

1505年，達文西研究了鳥類的飛行特徵之後，他寫出航空科學的開山之作《鳥類飛行手稿》；17世紀，義大利科學家博雷利研究動物肌肉、骨骼和飛行的關係，他指出，人類沒有鳥類那樣輕質的骨架、發達的胸肌，以及流線形身體，所以無法像鳥類那樣振動翅膀飛行。也就是說，各種模仿鳥類飛行的努力都不可能成功。

孟格菲兄弟的熱氣球

18世紀，科技理論和工業革命讓真正的飛行成為可能。波以耳和馬略特等人的科學研究表明，熱空氣的體積大、質量小，可往高處上升；而紡織工業的發展又帶來了更輕巧、更結實的布料，這兩件事情促成了熱氣球的誕生。1783年6月4日，法國的孟格菲兄弟成功讓熱氣球升上天空；同年11月，他們又進行了熱氣球載人實驗，兩位法國人乘坐熱氣球上升到910公尺的高空，並飛行了九公里，然後安全降落，歷時二十五分鐘。

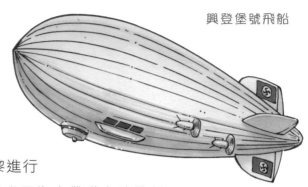

興登堡號飛船

熱氣球試飛後不久，
人類開始用氫氣製造氣
球。1783年12月，兩名法
國人首次乘坐氫氣球在巴黎進行
了自由飛行，此後，氫氣球發展為自帶動力的**飛船**；
1893年，德國著名的飛船大師斐迪南‧馮‧齊柏林開始設
計大型硬式氫氣飛船，並在1900年試飛成功。齊柏林飛船長達128公
尺，直徑11.65公尺，艇下裝有兩個吊艙，首次航班載有五名乘客，採
用內燃機驅動，可以遠距離飛行。不久，齊柏林的飛船成為當時最有
實用價值的民用和軍用飛行器。而最成功的「齊柏林伯爵號飛船」，一
共飛行了大約一百六十萬公里，並在1929年8月完成環球飛行。

直到二戰前的1937年，飛船一直在航空工業中佔有重要位置。不過，這
一年的5月6日，當時最大、最先進的興登堡號飛船，在橫跨大西洋的
時候起火焚毀，造成飛船上三十五人死亡，從此飛船退出了歷史舞臺。
在這之後，雖然熱氣球仍被使用在觀光用途上，但已不再是交通工具。

飛機的出現則比飛船晚得
多，因為飛機的**比重**遠遠
大於空氣。想要讓這樣的
飛行器升空，並且持續飛
行，難度遠遠超過把比重
小於空氣的飛船送上天。

比重是物質的重量和體積的比
值，也就是物質單位體積的重
量。我們可以簡單的把比重理解
為密度。

想要實現可控制的飛行，人類必須解決三大難題：升力的來源、動力
的來源和可操縱性。這些問題並不是哪個發明家能一口氣解決的，而
是經過了三代發明家共同努力才逐步解決。

第一代發明家以「空氣動力學之父」，英國的喬治‧凱利為代表。19
世紀初，凱利受到中國竹蜻蜓的啟發，在理論上設計了一種直升機，
不過它只存在於紙上，無法實現；凱利隨後又試圖模仿鳥類，設計振
翼的飛機，再次失敗了。後來他認識到，鳥類的翅膀不只有提供動
力，還提供升力，更重要的是，他發現空氣流過不同形狀的翼面時，
所產生的壓力不同，因而提出了透過固定機翼（而非振動
機翼）來提供飛行升力的想法。

竹蜻蜓是一種中國傳統童玩，流傳甚廣。它由兩部分組成，一是竹
柄，二是「翅膀」。玩耍時，雙手對竹柄一搓，然後手一鬆，竹蜻蜓
就會飛上天空。但竹蜻蜓的動力並不像動畫《哆啦Ａ夢》中那樣，
足以帶著人一起飛翔。

凱利不僅是一個理論家，也是實踐者。他一生嘗試多次飛行實驗，並
在1849年，用一架三翼滑翔機，實現人類歷史上第一次載人滑翔飛
行。凱利對自己的研究工作做了詳細的紀錄，特別是留下論文〈論空
中航行〉，成為航空學的經典。在這篇論文中，凱利明確指出，升力
機制與動力機制應該分開，人類飛行器不應該單純模仿鳥類的飛行動
作，而應該用不同裝置分別產生升力和動力。

在凱利之後，第二代飛行器發明家以德國的奧托‧李林塔爾為代表。
李林塔爾更善於實踐，他是世界上最早實現自帶動力滑翔飛行的人，
也是最早成功重複滑翔實驗的人。不幸的是，李林塔爾在一次實驗中
喪生了。

與凱利和李林塔爾相比，第三代發明家萊特兄弟要幸運得多。他們出

奧托·李林塔爾
滑翔飛行

生得足夠晚，有凱利的理論，有李林塔爾的實踐，還有奧托的內燃機；他們出生得又足夠早，飛機還沒有被發明出來。當然，光靠運氣是製造不出第一架飛機的，萊特兄弟在理論的研究和工作方法上，不僅全面超越了他們的前輩，也超越了同時代的人。

萊特兄弟雖然是自學成才，但是他們有系統的學習了空氣動力學，有著扎實的理論基礎，而且做事情非常嚴謹。在飛機的設計上，萊特兄弟最大的貢獻是發明了控制飛機機翼的操縱桿，從根本上解決了飛機控制的問題。至此，製造飛機的三個關鍵技術都具備了：升力問題被凱利解決了，動力問題被奧托解決了，控制問題被萊特兄弟解決了。

1903年12月17日，萊特兄弟在美國西海岸小鷹鎮，成功試飛自行研製的飛行者一號。從此，人類進入了**飛機時代**。

人類先發明了提供動力的內燃機，同時又把石油做為能量來源；熱力學理論、空氣動力學理論也逐漸完善。有了這些基礎，汽車和飛機的誕生是必然的事。

然而，除了生產創造，人類還有另一大技能——暴力破壞。

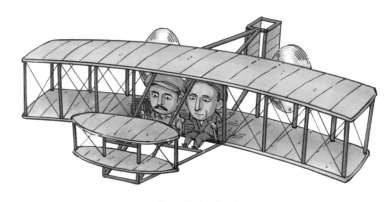

萊特兄弟自學成才

➤06
可怕的武器

戰爭是科技發展的推進器。**武器**往往代表一個時代最高的科技水準，因此，科技的發展和武器的進步經常是同步的。

唐代時，中國人發明了火藥。根據英國學者李約瑟的說法，火藥在五代時首次用於戰爭。1232年，南宋時在壽春縣有人發明出竹筒火槍，南宋陳規著的《守城錄》中還記載了由銅鐵製成的火炮。

> 李約瑟是英國近代生物化學家、科學技術史專家，著有《中國科學技術史》。他提出了著名的「李約瑟難題」，對中國科技曾經停滯的原因進行討論。

1323年左右，至今發現最早的金屬大炮出現在元代。阿拉伯人也從中國人那裡獲得了製作火藥的技術，在戰爭中，阿拉伯人將火藥放在鐵製的管內，用來發射箭支。

火繩槍點火射擊

在火器的發展歷史上，第一個里程碑式的發明是**火繩槍**，它的發明經歷了一個漫長過程。

火繩槍的外型很像現今的步槍，但它們是兩種不同的東西。現代的槍支是扳動扳機開火，而早期的槍管難以解決膛

炸的問題，因此槍管都是一個由鑄鐵製造、前後不通、後部堵死的構造，火藥和彈丸要從前面裝進去。大致操作的次序是這樣的：先從槍管前面裝火藥，再上鉛彈，隨後用一根長針從前面伸到槍管裡壓緊，這樣才算裝好彈藥，隨後點燃火信，引爆火藥而推進鉛彈，最後才是瞄準射擊。

> 即使是過去世界上射程最遠、威力最大的英格蘭長弓，所射出的箭在飛行末端的速度，也不到子彈的1/5。雖然箭的重量比子彈重，但是產生的動能卻不到子彈的1/3，不易穿透鋼板盔甲。

為了控制點火，不能使用燧石（打火石），射擊者要準備一根長長的、慢慢燃燒的火繩，用火繩點火。從這些繁瑣的步驟可以看出，早期火繩槍的發射速度是非常慢的。從15世紀到16世紀，歐洲和中亞（當時的鄂圖曼土耳其帝國）不少人都獨立發明出這種武器，然後又經過了一系列的改良，才成為能夠在戰場上廣泛使用的武器。

火槍在漫長的三個世紀裡進行了四次重大的改良，才成為現今步槍的原型。

第一次改良是從17世紀火繩槍到燧發槍。燧發槍的擊發原理是使用燧發機，帶動燧石擊打到擊砧上產生火星，點燃火藥，這樣槍手就不需要攜帶火繩了。

第二次改良是彈殼（最初是紙筒式）。有了彈殼把鉛彈和火藥包在一起，這樣在射擊時只需要攜帶「子彈」並直接安裝即可。

第三次改良是將膛線技術用在槍（炮）管內側。18世紀，英國數學家

羅賓斯從力學上證明，如果子彈旋轉飛行，可以增強穩定性。於是歐洲各國普遍使用了膛線技術，讓子彈在出膛時能夠旋轉起來。

第四次則是將前膛槍改良為後膛槍。現代後膛步槍的發明人是德國的槍械工程師德萊賽，他的研究獲得政府的祕密支持。1841年，「德萊賽針發槍」被普魯士軍隊採用，並獲得代表它的年份編號M1841。普魯士軍隊依靠後膛槍贏得了普丹戰爭、普奧戰爭和普法戰爭的勝利。

不過，單發射擊的步槍，殺傷力還是遠不如後來的**機關槍**。

18世紀，英國和美國的一些發明家，就已發明出類似機關槍的自動武器，並且取得很多專利，但是直到19世紀末，沒有一款機關槍能夠投入實戰。

說到機關槍，大家可能會想到馬克沁機槍，這是世界上第一款普遍在部隊裡裝備的全自動槍械。發明人馬克沁生於英國，但生活在美國，1882年，馬克沁回到英國時，看到士兵射擊時因步槍的後座力，肩膀被撞得青一塊紫一塊，他就琢磨能否利用後座力來讓子彈上膛。

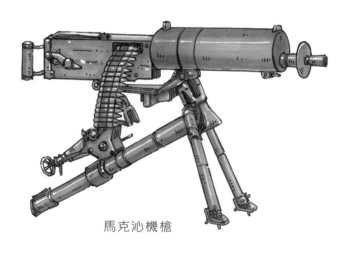

馬克沁機槍

馬克沁拿來一支溫徹斯特步槍，仔細研究了步槍射擊時開鎖、退殼、送彈的過程，並在第二年製作出一款新型自動步槍，可以利用子彈火藥爆炸時噴出的氣體，自動完成步槍的開鎖、退殼、送彈、重新

閉鎖等一系列動作，實現子彈的連續射擊。這款自動步槍將原本的後座力轉化為上彈的能量，所以不僅射擊速度快，而且後座力小，射擊精準度高。1884年，馬克沁在自動步槍的基礎上，採用一條六公尺長的帆布袋做為子彈鏈，製造出世界上第一支能夠自動連續射擊的馬克沁機槍，並且獲得機關槍專利。

1916年9月15日，英國在索姆河戰場上投入一種新式武器，這是一個由履帶驅動的鋼鐵怪物，上面的機關槍噴著火光，它就是**坦克**。第一次世界大戰後期，德國人看到了坦克的威力，也研製出自己的坦克。在第二次世界大戰中，德軍將坦克的作用發揮到極致。

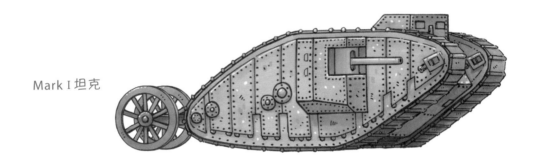

Mark I 坦克

1847年，義大利人索布雷洛合成了硝化甘油。這是一種爆炸力很強的液體，直接使用相當危險，並且不便於運輸攜帶。1850年，瑞典工程師諾貝爾從索布雷洛那裡學到了合成硝化甘油的技術，隨後回到瑞典建立工廠，開始生產製造。然而1864年，工廠內進行硝化甘油實驗時發生爆炸，包括他弟弟在內的五個人被炸死，他的父親也受了重傷，於是政府禁止重建這座工廠。

諾貝爾並沒有氣餒，他把實驗室建在無人的湖上。有一次，諾貝爾偶然發現硝化甘油可以被乾燥的矽藻土吸附，從此發明了可以安全運

諾貝爾獎獎牌

輸的矽藻土炸藥──直接將矽藻土混合到硝化甘油和硝石中，命名為 Dynamite。1867 年，諾貝爾為這種混合配方申請專利，並且把這種炸藥賣到瑞典和世界各地的許多採礦場。

做為一個和平主義者，諾貝爾製造炸藥的初衷並不是製造殺人武器，而

「炸藥」的英文 dynamite，源於希臘文的「力量」dynamis。

是開採礦物。當他看到炸藥被用在製造軍火，感到非常痛心，但是已無力阻止。後來，諾貝爾因炸藥專利獲得了巨額財富，去世前，他將自己的財產捐獻出來，設立了著名的諾貝爾獎。根據他的遺囑，獎金每年發放五項，包括物理學獎、化學獎、和平獎、生理學或醫學獎、文學獎（編註：1968 年瑞典銀行出資增設了經濟學獎）。

所幸，在現今，無論是硝化甘油炸藥還是 TNT（三硝基甲苯），大多是用於和平性質的建設用途。這些炸藥可以在極短的時間內釋放巨大的能量，使得採礦、修路、拆除舊建築物都變得非常容易。20 世紀 30 年代，美國在修建胡佛水壩時，有一百一十二人死亡；而今日世界上在建造更大規模的水壩或者大型工程時，鮮少有死亡事故發生，這受益於人類爆破工程技術的發展。諾貝爾等人如果得知，炸藥在現代多是運用於造福人類，應該會感到欣慰。

第八章

原子時代

> 人類社會的快速發展也伴隨著矛盾的加劇，在此起彼落的戰爭中，原子能、無線電、製藥技術等獲得了長足進步。不過，學術界卻遇到一些似乎跨不過去的坎，其中最有代表性的，就是所謂的「物理學危機」。

▶▶01

從相對論到量子力學

邁入 20 世紀，很多學者的實驗結果和觀測資料，與牛頓、焦耳和馬克士威的古典物理學理論出現了矛盾。比如，黑體輻射的電磁波波譜不符合熱力學的預測；邁克生－莫雷實驗的結果，不符合古典物理學的預測；古典電磁學無法解釋光電效應與原子光譜；放射性物質的物理性質，似乎與古典物理學的「決定論★」背道而馳。這些問題嚴重動搖了整座物理學大廈的基石。

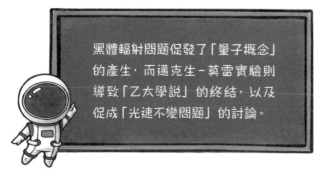

黑體輻射問題促發了「量子概念」的產生，而邁克生－莫雷實驗則導致「乙太學說」的終結，以及促成「光速不變問題」的討論。

最終，物理學家基本上解決了這些矛盾，他們重新建立物理學的基礎——**相對論**和**量子力學**。從此，物理學進入現代新紀元。

以牛頓理論為核心的整個古典力學，都是建立在**伽利略變換**基礎之上

★編註：「決定論」的概念，大致而言是：只要找到物理系統背後的規則，就可以預測結果。

的。什麼是「伽利略變
換」呢？我們不妨看看
這個例子：

我們高中物理課本見！

假設我們正在搭火車，
火車前進的速度是100
公里/小時。如果我們
從車廂的後方以5公里/
小時的速度往前走，則
相對於鐵路旁靜止的電
線桿，我們的速度會是
100+5，也就是105公里/小時；如果我們以5公里/小時的速度從前端
的車廂往火車後面走，則相對於鐵路旁靜止的電線桿，我們前進的速
度就會是100-5，也就是95公里/小時。這意思是，我們前進的速度，
是自己行進的速度疊加上火車這個「參考系」移動的速度。

這種速度直接疊加的坐標變化，就是「伽利略變換」。「伽利略變換」
符合生活常識，也是古典力學的支柱。運用「伽利略變換」有一個前
提：空間和時間都是獨立的、絕對的，與物體的運動無關──我們在
火車上所看到的兩根電線桿的距離，和在地面上的人所看到的是一樣
的；而火車上的時鐘也和地面上的時鐘走得一樣快。這些對我們來
說，似乎是不證自明的常識，因此一直沒有人懷疑過。

到了19世紀末，馬克士威在法拉第他們研究工作的基礎上，總結出一
組經典的電磁學方程組，這稱為「馬克士威方程組」，它的正確性經過
大量實驗所證實，毋庸置疑。然而，「馬克士威方程組」卻與古典物理
學理論相互矛盾。

為了解決這一矛盾，物理學家想引入各種假說，來修補古典物理學的不足，也做了很多實驗，希望能驗證這些假說。但是，他們的實驗結果卻顯示：光速和參考系的運動無關，是一個恆定的數值。也就是說，如果前面伽利略變換例子中，我們把人換成手電筒發出的光，那麼光速並沒有疊加，不會因為火車的快慢和方向而改變。

荷蘭物理學家勞侖茲，在1904年提出了一種新的時空關係變換，後來稱為「勞侖茲變換」。雖然這僅僅是個數學模型，但它啟發了瑞士專利局的一位小專利員——**愛因斯坦**。愛因斯坦意識到，「伽利略變換」是牛頓古典時空觀的體現，如果承認「勞侖茲變換」，就可以建立起一種新的時空觀（後來稱為相對論時空觀）。在新的時空觀下，原有的力學定律都需要修正。

> 愛因斯坦的狹義相對論裡，非常著名的方程式 $E = mc^2$，其中E代表能量，m代表質量，而c代表光速。

1905年，愛因斯坦發表了論文〈論動體的電動力學〉，建立了**狹義相對論**。這一年，愛因斯坦一共發表了四篇重要的論文，內容包括：

提出光量子假說，解釋了光電效應，並且提出了光的波粒二象性，結束了關於光到底是波還是粒子的爭論。

透過數學模型解釋了布朗運動，從此物質的分子說得以確立。

提出時空關係新理論，也就是狹義相對論。

提出了質能轉換公式，也就是著名的 $E = mc^2$，它是狹義相對論的核心。

阿爾伯特·愛因斯坦，現代物理學家，出生於德國巴登－符騰堡邦的烏姆市，畢業於蘇黎世聯邦理工學院。

因此，1905年也被稱為愛因斯坦的奇蹟年、近代物理學的起始之年。愛因斯坦的這些理論，代表人類對世界開啟新的認識。

不過，在後來對微觀世界的探索中，愛因斯坦與另一位物理學家波耳，陷入一場針鋒相對的爭論。

19世紀末，沒有人懷疑過世界的「連續性」，數學和各種自然科學的基礎也是建立在連續性假設之上的。在連續的世界裡，任何物質、時間和空間都可以連續分割下去，分成多小都

波耳　　　　　愛因斯坦

相對論的水太深，波耳你把握不住。

是有意義的。不過，到了19世紀末，物理學家發現，很多現象似乎與宇宙的連續性這個假設相互矛盾。於是，人們將「不連續性」引入物理學研究。

德國物理學家普朗克提出，世界上的能量是一份一份的，存在一個最小的、不可再分割的能量單位，不會出現半份能量。普朗克將這種「份」的概念稱為**量子**，現代所說的量子物理學，最初的概念就是這樣產生的。

1924年，德國物理學家馬克斯·玻恩提出了「量子力學」一詞。1926年，海森堡、薛丁格等人建立起更完整的量子力學理論。1927年，海森堡發現「測不準原理」，指出無論用何種方法，想要同時準確測量微觀粒子的所有屬性是不可能的。

上帝擲骰子嗎？

當時的物理學界分成兩派：一派（哥本哈根詮釋）以丹麥著名物理學家尼爾斯·波耳為代表，認為當人們在觀測一個粒子的時候，它就以粒子的形式存在；在觀測前，無法確定它是波或粒子。另一派以愛因斯坦為代表，他們對此質疑。愛因斯坦說道：「波耳，上帝從不擲骰子！」波耳反擊道：「愛因斯坦，不要告訴上帝應該怎麼做！」

隨著研究的深入，人們愈來愈支持波耳的觀點。物理學發展到這一步，已經超出了人們所能觀察到的世界，甚至超出了人類想像力的極限。不過很快，這些玄而又玄的理論就帶來了翻天覆地的現實影響。

◂02
了不起的原子能

20世紀是人類歷史上戰爭最多的世紀，也是技術進步最快的世紀。戰爭帶來的壓力會加速特定技術的發展。在第二次世界大戰期間，美國在對原子能所知不多的前提下，僅僅用了三年半的時間，就完成原子彈的研究和製造。

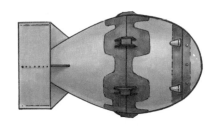

這顆原子彈的名字是「胖子」

愛因斯坦在狹義相對論中指出，能量和質量是可以相互轉換的（簡稱質能轉換），一小部分的質量，將釋放出巨大的能量。不過，實現從質量到能量的轉變，不是容易的事情，之後三十多年的時間裡，包括愛因斯坦在內的科學家，都不知道該如何進行。

物質的基本構成是分子，而分子是由原子組成的。例如，每個水分子由一個氧原子和兩個氫原子組成，而無數個水分子就構成了最常見的純淨水。在一般的化學反應中，原子是基本的單位，只有分子結構會發生變化。例如我們將水進行電解反應，水分子就變成了氧氣分子和氫氣分子，而氧氣分子和氫氣分子分別是由氧原子和氫原子組成。在化學反應前後，原子不會變化，總質量也是相等的。

按照質能轉換公式，質量可轉換成的能量非常巨大，1克物質完全轉化為能量，相當於2500萬度電。

但**核分裂與核融合**（以下統稱為「核反應」）並不是這樣。在核反應中，原子就不是反應的基本單位了。原子的構造中，最重要的部分是原子核，原子核由質子和中子組成，它決定了這個原子到底是什麼。所謂「核反應」，就是原子核發生了變化，例如在反應前它是鈾原子，反應之後，可能就變成鋇原子和氪原子。這個過程中，反應前後的質量並不相等，因為一部分質量會變成非常巨大的能量。

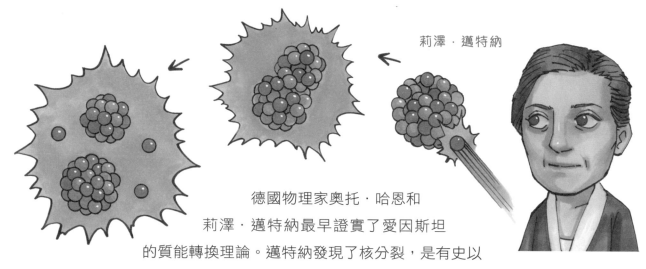

莉澤．邁特納

德國物理家奧托．哈恩和莉澤．邁特納最早證實了愛因斯坦的質能轉換理論。邁特納發現了核分裂，是有史以來最傑出的女科學家之一。出於對她一生貢獻的肯定，科學家以她的名字命名了第109號元素鿏（Mt）。

元素是構成物質的基本單位。相同的元素由相同的原子所組成，也就是原子核內有相同的質子數。例如水就是由氫、氧兩種元素所組成。

起初，哈恩和邁特納並不是在尋找核分裂的可能性，而是想搞清楚，為什麼在化學元素週期表中，自從92號元素鈾之後，就不再有新的元素了。

根據拉塞福的理論，只要

往原子核裡面添加質子，就應該會有新的元素產生，但是科學家的努力都失敗了。1934 年，美籍義大利裔物理學家費米宣布，他運用粒子流轟擊鈾元素，「可能」發現了第 93、94 號元素，這在物理學界引起了轟動。

當時，全世界大部分著名的物理學實驗室，都試圖重複費米的工作，邁特納和她的老闆哈恩也不例外，他們做了上百次實驗，卻一直未能成功。隨後就發生納粹德國迫害和驅除猶太人，擁有猶太血統的邁特納只好逃往瑞典，哈恩只能獨自留在德國做實驗。不過，哈恩和邁特納一直有通訊往來。1938 年底，哈恩把失敗的實驗結果送給在瑞典的邁特納，希望她幫忙分析原因。

邁特納拿著哈恩的實驗結果，坐在窗前冥思苦想，她看著窗外從房頂冰柱上滴下來的水滴，不禁靈機一動：或許原子並不是一個堅硬的顆粒，反而更像一滴水，那麼能否將原子這滴水珠一分為二，變成更小的水珠呢？

有了這個想法之後，邁特納和另一位物理學家弗里施馬上做實驗，在中子的轟擊下，鈾原子果然變成了兩個小得多的原子「鋇」和「氪」，同時還釋放出三個中子，邁特納證實了自己的想法。

費米

嗯，是的，大致就是這樣。

隨後，當他們清點實驗結果的生成物時，發現實驗後的總質量少了一點點。在尋找丟失的質量時，邁特納想到了愛因斯坦關於質能轉換的預測，那些丟失的質量會不會已經轉換成能量了呢？邁特納按照愛因斯坦的公式，計算出丟失的質量換算成的能量，然後再次做實驗，最終證實，多出來的能量正好和愛因斯坦的預測完全吻合。

1939年4月，邁特納和弗里施的論文發表僅僅三個月後，德國就將幾名世界級物理學家聚集到柏林，試圖利用核分裂製造出可怕的戰爭武器。

但德國的第一次核子軍事計畫只持續了幾個月便終止，原因居然是很多科學家都被徵召入伍了。沒過多久，德國人又開始了第二次核子軍事計畫，並一直持續到第二次世界大戰結束。但是由於投入研發與工程的力量遠遠不足，直到戰爭結束時，德國整個計畫都沒有取得實質進展，一直停留在科學研究階段。

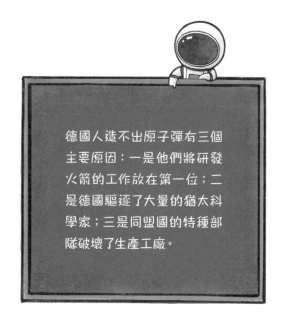

德國人造不出原子彈有三個主要原因：一是他們將研發火箭的工作放在第一位；二是德國驅逐了大量的猶太科學家；三是同盟國的特種部隊破壞了生產工廠。

曼哈頓計畫集中了當時西方國家（除了納粹德國）最優秀的核子科學家，動員了十幾萬人，於1942~1946年間執行，耗資20億美元。

1941年底，珍珠港事件之後，美國才真正開始全民動員投入戰爭，並啟動龐大的核子軍事計畫。由於計畫的指揮部最早在曼哈頓，因此也被稱為曼哈頓計畫。

格羅夫斯主持建造了五角大廈

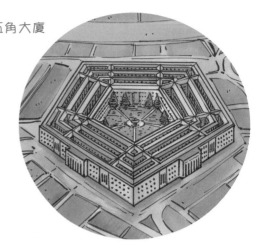

和德國人不同，美國是把製造原子
彈這件事當做一件大工程，而不僅
是科學研究。既然是工程，就需要
有工程負責人，美國非常幸運的挑
中格羅夫斯上校，他懂得工程，主持
建造了美國最大的建築，五角大廈。

事後證明，格羅夫斯不但懂得蓋房子，還是一
位有遠見卓識的優秀領袖。他從尋找鈾材料，到挑選各個環節的負責
人，再到具體的武器製造，都做得十分出色；最重要的是，他對曼哈
頓計畫的技術主管歐本海默絕對信任，否則，美國原子彈的研究不可
能那麼順利。

在格羅夫斯和歐本海默的領導下，原子彈的研究工作進展迅速。共
十三萬名直接參與者，在美國、英國和加拿大的三十個城市裡同時展
開工作，居然以不到四年的時間，完成製造原子彈的任務。

1945年7月16日，代號「三位一體」的世界第一次核彈試驗，試爆成
功。雖然愛因斯坦早就預言原子彈將會釋放出巨大的能量，但是沒有
人知道它真實的威力如何。在引爆前，科學家彼此打賭，有人猜測它
會失敗，威力是0；也有人大膽預測，它會釋放出等同於4.5萬噸TNT
炸藥的恐怖威力。

早上5點29分，一位物理學家引爆了這顆原子彈。就在剎那間，黎明
的天空變得閃亮無比。根據當時在場人們的描述，它「比一千個太陽
還亮」。這次爆炸當量（描述炸藥威力的單位）將近2萬噸TNT。所有
人都感到震驚，歐本海默更是覺得他釋放出了魔鬼。

接下來的故事大家應該都知道了，美國在日本廣島和長崎投下兩顆原子彈，日本投降。

第二次世界大戰後，原子能很快也被用在和平目的。1951年，美國建立了第一個實驗性的核電廠。1954年，世界第一個連接電網供電的核電廠在蘇聯誕生。隨後，世界各地陸續建立起多個商業營運的核電廠。到2016年底，全世界有四百五十座核電廠在運作，提供全球12%的發電量。

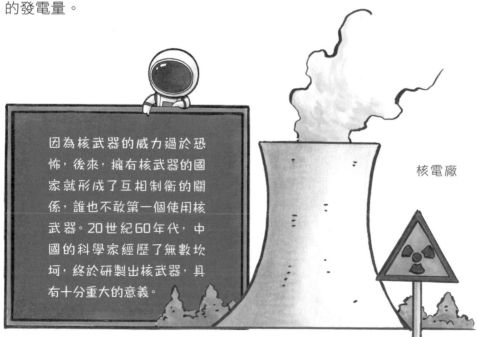

因為核武器的威力過於恐怖，後來，擁有核武器的國家就形成了互相制衡的關係，誰也不敢第一個使用核武器。20世紀60年代，中國的科學家經歷了無數坎坷，終於研製出核武器，具有十分重大的意義。

核電廠

▶03
戰爭時的千里眼：雷達

在古代，交戰雙方獲取敵軍資訊的方式主要是透過哨所、偵察兵和間諜等；後來，出現了望遠鏡和偵察機，讓人可以看得更遠，只是，這仍然是依靠肉眼觀察。因此，人們一直想擁有一種裝置，能夠自動掃描和發現四面八方的敵情。到20世紀初，這種裝置終於被發明出來，它就是**雷達**。

早在1917年，尼古拉·特斯拉就提出，使用無線電波來偵測遠處的目標；後來，義大利發明家，無線電工程師馬可尼進一步完善了這種想法，他改良為先發射無線電波，再接收無線電波的反射波，用以探測船隻。隨後的十多年時間裡，英國、美國、德國和法國的科學家，也陸續掌握了這項技術，並且建立實用的無線電探測站，也就是如今雷達站的前身。

無線電波的傳播速度非常快，等同於光速，所以透過雷達掃描來獲得敵情，是非常快捷的。

第二次世界大戰中，雷達技術是各國的最高機密，而在戰爭結束後，它開始普及使用。從20世紀50年代開始，雷達成為電子工程的一個重要學科領域。到了20世紀60年代，雷達被廣泛應用在氣象探測、遙測、測速、測距、登月及外太空探索等各個方面。

科學家還利用雷達接受無線電波的特性，發明了只接收訊號、不發射

注意：不可以在微波爐裡煮整個雞蛋喔。

訊號的電波望遠鏡，它也可以視為雷達技術的應用。2016年9月，「中國天眼」在貴州落成，這是一個直徑長達500公尺的球面電波望遠鏡（FAST），利用的就是雷達的原理。

21世紀的今天，雷達已經進入我們生活的各個角落，從很小的倒車雷達、手持測速儀器，到自動駕駛汽車上的雷射雷達、檢測氣象和大氣汙染的氣象雷達，種類非常多。此外，雷達中關鍵的構造——多腔磁控管，經過改良後，應用在如今幾乎每個家庭都有的**微波爐**。

目前世界上口徑最大、最精密的單口徑電波望遠鏡，是「中國天眼」。

▶04
柳樹皮裡有阿斯匹靈

第二次世界大戰期間，戰火紛飛，生靈塗炭。為了救治傷患，或是為傷患減輕痛苦，人們急需具有止痛效果的藥品。

1763 年，牛津大學沃德姆學院的牧師愛德華‧斯通首次發現了水楊酸，這種來自柳樹皮的成分可以退燒止痛。斯通向當時的英國皇家學會提交他的發現，但是由於當時的化學合成技術不發達，所以他沒有製造出藥品。

1853 年，法國化學家格哈特在實驗室裡合成出乙醯水楊酸，但當時分子結構理論並不完善，格哈特並不清楚這份合成的物質到底是什麼。幾年後，格哈特在做實驗時不幸中毒去世，對水楊酸的研究也就自然終止了。

事實上，水楊酸並不能直接服用，因為它對胃的刺激非常大，過量服用甚至會導致死亡。

同學們，做實驗要注意安全啊……

格哈特

1897 年，德國拜耳公司的化學家費利克斯‧霍夫曼經過多年研究，合成了對胃刺激相對較小的鎮痛藥，乙醯水楊酸，並被拜耳公司命名為 Aspirin，也就是阿斯匹靈。這個名字來自提煉出水楊苷的植物——「旋果蚊子草」原本的拉丁學名（*Spiraea ulmaria*）。霍夫曼研究阿斯匹靈是為了替他的父親治病，霍夫曼的父親

阿斯匹靈的分子結構

是一位風濕病患者，飽受病痛折磨；但是，當時許多含有水楊酸的止痛藥物，雖然有止痛效果，卻同時對胃部有嚴重的刺激，以至於他父親服藥後就胃痛不已，還經常嘔吐。所以在發明阿斯匹靈時，霍夫曼就將重點放在減小副作用上。

經過改良，早期的阿斯匹靈副作用依然不小，但是它的藥效確實明顯，拜耳公司兩年後終於正式開始販售它。1917 年拜耳公司的專利到期之後，全世界的藥廠為了爭奪阿斯匹靈的世界市場，展開激烈的競爭。阿斯匹靈成了第一款在全世界熱銷的藥品。

1918 年，歐洲爆發了大瘟疫（西班牙流感），阿斯匹靈被廣泛用在止痛退燒，在戰勝瘟疫的過程中發揮很大的功效。

由於阿斯匹靈的副作用較大，如今大部分阿斯匹靈都被做成腸溶藥片（避免在胃中溶解刺激）。後來人們還發現阿斯匹靈對血小板的凝集有抑制作用，可以降低急性心肌梗塞等心血管疾病的發病率。阿斯匹靈一直是全世界應用最廣泛的藥物之一，每年的使用量約有四萬噸。

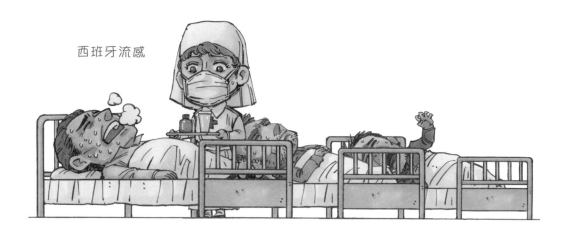
西班牙流感

▶05

青黴素是萬靈丹？

青黴素用於治療細菌感染，它是所謂的抗生素。

第一次世界大戰期間，因為細菌感染而死亡的士兵，比直接死於戰場的還要多。當時醫生只能為傷患在傷口進行表面消毒，但是這種救護方法不僅效果有限，有時還有副作用，常常加重傷患的病情。當時，英國醫生亞歷山大·弗萊明做為軍醫前往法國前線，目睹了醫生對細菌感染無計可施的困境。戰後他回到英國，開始研究細菌的特性。

1928年7月，弗萊明照例要去休假，他在假期前先在實驗室內培養了一批金黃色葡萄球菌，然後離開。但是，等到弗萊明9月份回到實驗室時，或許是培養皿不乾淨，他發現培養皿裡面長了黴菌。弗萊明仔細觀察培養皿，發現黴菌周圍的葡萄球菌似乎被溶解了，他再用顯微鏡觀察，證實那些葡萄球菌都死掉了。

於是，弗萊明猜想，會不會是黴菌的某種分泌物殺死了葡萄球菌？他把這種物質稱為「發霉的果汁」。為了證實自己的猜測，弗萊明又花了幾周時間培養出更多這樣的黴菌，以便能夠重複先前的實驗結果。9月28日早上，他來到實驗室，發現細菌同樣被黴菌殺死了。經過鑑定，這種黴菌是青黴菌，弗萊明在論文裡將這種黴菌分泌的物質稱為青黴素。青黴素的英文是

不愧是科學家，
連發霉都不放過。

penicillin，中文譯為「盤尼西林」。

故事到這裡並沒有結束。弗萊明證實了青黴素的殺菌功能，邁出偉大的第一步，但並不代表他能製造出青黴素藥品。弗萊明發現「發霉的果汁」有藥用的成分，但這和藥物的成品還是兩回事。接下來的十年裡，弗萊明一直在研究青黴素，但並沒有取得什麼進展。

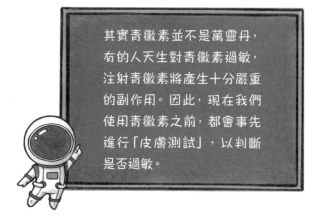

其實青黴素並不是萬靈丹，有的人天生對青黴素過敏，注射青黴素將產生十分嚴重的副作用。因此，現在我們使用青黴素之前，都會事先進行「皮膚測試」，以判斷是否過敏。

就在弗萊明想放棄對青黴素的研究時，另一位來自澳洲的牛津大學病理學家、德克利夫醫院一個研究室的主任，霍華德‧弗洛里接下了接力棒。弗洛里精通藥理學，有非凡的組織才能，手下有一批能幹的科學家。

1938年，弗洛里和他的同事，生物化學家柴恩，注意到了弗萊明的青黴素論文，於是向弗萊明要來相關資料，並開始研究青黴素。

弗洛里等人很快就取得了成果，他實驗室裡的科學家柴恩和愛德華‧亞伯拉罕終於從青黴菌中分離、濃縮出了有效成分——青黴素。

1943年，愛德華‧亞伯拉罕發現了青黴素中的有效成分青黴烷（它對人類的毒性很小），這樣一來，就可以進一步提煉有效成分，而過濾掉其他可能有害的成分。1945年，牛津大學女科學家桃樂絲‧霍奇金透過X射線繞射技術，釐清了青黴烷的分子結構；

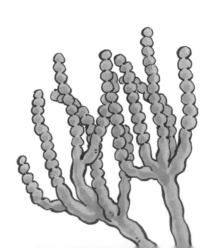

1957年，美國麻省理工學院的希恩成功合成出青黴素。從此，生產青黴素不再需要培養黴菌。

能夠殺死細菌的抗生素出現後，人類的平均壽命增加了十年，人類從此對醫生有了信心。青黴素是人類有史以來發明出的最重要的藥品。同時我們看到，研發製造出一款新藥是一個非常複雜的過程，帶有偶然性的發現只是第一步，接下來還需要了解它的藥理及有效成分，並且最終藉由化學方法，提煉或者合成出純淨的藥品。

▶06
不可或缺的維生素

很久以前，人們就發現，如果飲食中缺乏某種物質，就會導致疾病，而治療的方式正是吃某種食物。比如，食用動物肝臟可以治療夜盲症；喝檸檬汁能夠預防壞血病；食用帶有米糠的糙米可以避免腳氣病。

1911年，波蘭化學家芬克從米糠中分離出一種物質，可以治療腳氣病，他把這個物

放心，這是維生素。

質稱為vitamine（由vita 和mine組成，意思為生命的元素），這個詞後來演變成現今的「維生素」（vitamin）一詞，是各類維生素的總稱。1934年，美國化學家威廉斯，最終確定了前面提到這種物質的化學結構，命名為硫胺素（thiamine），這就是我們常說的維生素B1。

維生素是一個大家族，它們各自的功能、化學性質和分子結構相差很大。其中有一些極為簡單，也非常容易合成，比如維生素C；但是另外的一些卻極為複雜，比如維生素B12。任何高等動植物都不能自己合成維生素B12，但它又是人體所必需的，若缺乏這種維生素，人體的造血功能就會出問題。那麼要如何獲得這個營養呢？自然界中的維生素B12都是由微生物合成的，並透過飲食進入人體。

人類在20世紀30年代認識到維生素B12的用途，但是藥廠過去只能從動物的肝臟裡提取B12，產量極低；1956年，英國著名女科學家霍奇金利用X射線，偵測出維生素B12的分子晶體結構，它的結構確實極為複雜；1965年，美國的有機化學家伍華德因有機合成方面的傑出貢獻，榮獲諾貝爾化學獎，這讓他有了足夠的聲望，後來他組織了十四個國家的一百一十多名化學家，共同研究維生素B12的人工合成問題。在研究過程中，伍華德和他的同事羅爾德·霍夫曼發明了一種拼接式合成方法，這是先合成維生素B12的各個局部，然後再把它們拼接起來。這種方法後來成為經典範例，用來合成有機大分子，被稱為伍華德－霍夫曼規則。

伍華德，現代有機合成之父

伍華德在合成維生素B12的過程中，一共做了近千個非常複雜的有機合成實驗，前後歷時十一年，終於在1972年完成工作。後來，霍夫曼因此獲得了1981年的諾貝爾化學獎，但當時伍華德已去世兩年。

20世紀70年代末，美國加州大學舊金山分校的幾位科學家，研發出人工合成胰島素；1976年，加州大學舊金山分校的教授博耶成功將細菌的基因和真核生物的基因拼接在一起，這實際上是一種基因轉殖技術。接下來，他在風險投資人的幫助下，成立了基因泰克公司；1978年，博耶和他的同事利用基因轉殖技術，成功將大腸桿菌基因和人類胰島素基因結合在一起，然後送回到大腸桿菌中，這樣大腸桿菌就能夠產生人類的胰島素。最終，人工合成的胰島素極大的改善成千上萬糖尿病患者的生活品質，並可延長他們的壽命。

藥物發明的過程大致遵循下面這些步驟：

釐清發病的原因 → 找到對治病有效的原始藥物 → 找到藥物中的有效成分 → 釐清藥理和副作用 → 製造（合成）出副作用足夠小、療效足夠好的藥物

前面提到的研發過程雖然複雜，但是有了這樣一套統一的規範，人類在新藥的研究上就能取得重大進展。

在農耕文明時代，人均壽命鮮有提升，但是進入工業革命之後，世界人均壽命迅速提升，從不到四十歲增加到七十多歲，這歸功於良好的衛生環境和保健意識、醫學的成就和製藥業的發展。

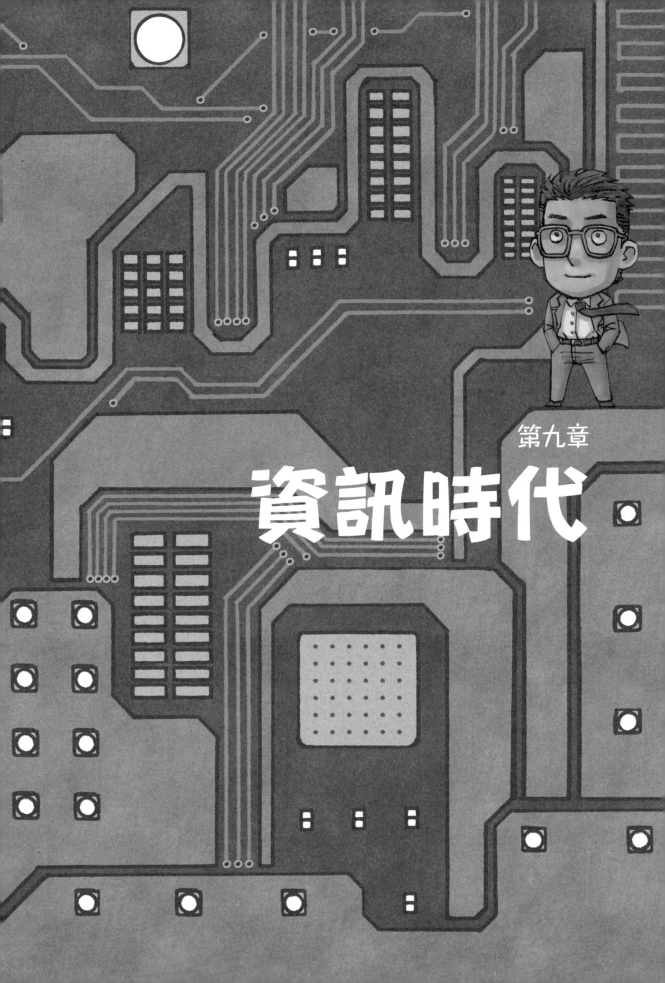

第九章

資訊時代

起初，人們往往會把無法理解的事情歸結為神的力量。後來，牛頓開啟了知識的新時代，人們相信，一切事情都是確定的、連續的，是可以用簡單明瞭的規律加以描述的。而「物理學危機」之後，人類終於承認，世界的本質是不確定的、非連續的。

為了解決不確定性的問題，人類開發了新的數學工具和方法論，在這個基礎上，資通訊技術和產業有了巨大的發展，並且成為二戰之後，世界科技發展和經濟增長的動力源頭。

▶ 01
數學的「演化」

到了20世紀，雖然不再有阿基米德、牛頓和高斯這樣的大數學家出現，也不再有歐氏幾何學、笛卡兒解析幾何、牛頓－萊布尼茲微積分，這樣眾所周知的新數學分支誕生，但是，數學還是在飛速發展，而且數學和基礎科學的關係比過去更加緊密。

為了適應新的科技發展，數學在20世紀產生了一些新的分支，同時一些過去處於數學王國邊緣的分支也開始佔據中心位置，其中非常值得一提的是機率論和統計、離散數學、新的微積分和幾何學，以及數論。

在數學界，既然一切定理和結論都是定義和少數公理（或者公設）自然演繹＊的結果，那麼，如果公理錯了怎麼辦？答案是很麻煩。一方面，數學裡某個分支的「大廈」，可會轟然倒塌；但另一方面，卻能使數學得到進一步的發展。幾何學的發展，便是如此。

我們知道歐氏幾何學的大廈，離不開它的五條公設：

1 由任意一點到另外任意一點，可以畫出直線。

2 一條有限的直線，可以繼續延長。

3 以任意點為圓心，用任意的距離做為半徑可以畫出圓。

4 凡是直角都相等。

5 同一平面上有一條直線和另外兩條直線相交，在某一側形成的兩個內角的和，若小於二個直角的和（180°），則這二條直線經無限延長後，也會在這一側相交。

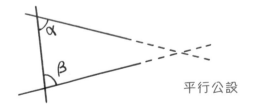

平行公設

前四條大家都沒有異議，對於第五條（等同於「通過直線之外一點，有唯一的一條直線和已知直線平行」），一般人在學習幾何學時都沒有懷疑過，因為它和我們的常識一致。但是，如果通過直線外的一點，能做出來不只一條平行線怎麼辦？如果一條平行線也做不出來又會怎麼辦？假如是這樣，歐氏幾何的大廈就塌了。

19世紀初，俄羅斯數學家羅巴切夫斯基就假定，能夠做出不只一條平行線，從而推演出另一套幾何學體系，被稱為羅氏幾何。19世紀中

★編註：自然演繹是一種運用邏輯來推理的方式。

黎曼

期，德國著名數學家黎曼又提出了新的假設：通過直線外的一點，一條平行線也做不出來，從而又推演出了一套新的幾何學體系，被稱為黎曼幾何。

面對三套相互矛盾但各自又非常嚴密的幾何學體系，數學家很快發現，這三種幾何都是正確的，只是它們一開始的假設不同。至於應該用哪一套幾何學，則要看用在什麼場合。在我們的日常生活中，通常是一個不大不小、不遠不近的空間，歐氏幾何是最適用的；但是，要研究像珊瑚表面這種形狀的二維空間，羅氏幾何更符合實際；而在地球表面研究航海、航空等現實問題時，黎曼幾何顯然更為準確。

羅巴切夫斯基、黎曼等數學家的工作表明，數學內在的邏輯性比它們的假設前提更重要，而具有堅實基礎的數學分支，必須是一個「自洽的」，也就是本身不會自相矛盾的公理系統。

進入20世紀後，數學的嚴密性比牛頓時代更強了，其中有四項重大成就：

1 從黎曼幾何發展起來的微分幾何。它是現今理論物理學和許多科學的工具。

2 公理化的機率論和與它相關的數理統計。這是後來資通訊理論和人工智慧技術的基礎。

3 離散數學。它是電腦科學的基礎。

4 現代數論。它是現今密碼學、網路安全和區塊鏈的基礎。

機率論的歷史其實很悠久，16世紀，義大利一位堪稱為百科全書式的學者，卡爾達諾在他的著作《論賭博遊戲》中，就給出了一些機率論的基本概念和定理。

17世紀，法國宮廷開始玩一種擲骰子的遊戲，連續擲四次骰子，如果有一次出現6點，就是莊家贏，否則是玩家贏。

這很好玩吧？會玩嗎？

人們為了贏錢，就去請教數學家費馬，費馬用機率的方法算出莊家略佔上風，贏面是52%。這是機率論和數學相關的第一次記載。

俄國的科摩哥洛夫和牛頓、高斯、歐拉等人一樣，是歷史上少有的全能型數學家，而且同樣是少年得志。1925年，二十二歲的科摩哥洛夫就發表了機率論領域的第一篇論文；1931年，他發表了在統計學和隨機過程方面，具有劃時代意義的論文〈機率論中的分析方法〉，它奠定了「馬可夫過程」的理論基礎；1933年，科摩哥洛夫出版了《機率論基礎》一書，將機率論建立在嚴格的公理基礎上，這顯示，機率論成為了一個嚴格的數學分支。後來，馬可夫過程成為資訊理論、人工智慧和機器學習領域強有力的科學工具。沒有科摩哥洛夫奠定的數學基礎，現今的人工智慧就缺乏理論依據。

科摩哥洛夫

我要想想辦法折磨那些大學生……

科摩哥洛夫一生在數學上的貢獻極多，甚至在埋論物理和電腦演算法領域也有相當高的成就，被譽為20世紀數學第一人。

數學也是電腦科學的基礎，但是電腦使用的數學和過去大不相同，因為電腦處理的都是離散的物件，而不是連續變化的，例如整數、集合、圖、二元邏輯等。當物件不同，數學工具也就不同，許多數學分支都是處理離散的結構以及它們的相互關係，所以統稱為**離散數學**，這些分支領域包括：數理邏輯、抽象代數、集合論和組合數學等。另外，也有人把與密碼學息息相關的數論，歸到離散數學中。

20世紀的科技發展離不開新的數學工具，只是它們常常是在幕後默默發揮作用，不被人關注。隨著人類開始進入資訊時代，儲存和處理大量的資訊需要新的工具，「電子計算機」（電腦）便應運而生。

➡02
從算盤到機械式計算機

在美國矽谷的山景城，有一座世界上最大的電腦博物館，進入博物館，最顯眼的地方立著一個大展牌，上面寫著「電腦有2000年的歷史」。你可能會感到疑惑，第一臺電腦不是1946年才誕生的嗎？

如果我們說的是現代意義上的**電腦**，那確實是1946年；但如果說的是邏輯上類似於電腦，且能夠實現計算功能的工具，則早在兩千年前的中國就有了，它有一個古樸的名字——算盤。

但是，再熟練的打算盤高手也快不

帕斯卡計算器

過機械，算盤只能用人做為動力，這會限制它的運算速度；而人們需要以機械運轉來計算的機器，後來它被稱為機械式計算機（器）。

1642年，法國著名數學家帕斯卡第一個發明出這樣的機器，實現了簡單的計算功能。機器的動力來自一個手工的搖柄，人們直接用他的名字命名為「帕斯卡計算器」。

帕斯卡計算器可以進行加減運算，它的原理很簡單，撥動下方的數字轉盤，使內部的齒輪組彼此帶動，而上方的小視窗中有數字0～9的轉輪，用來顯示計算結果。

1671年，德國數學家萊布尼茲發明了一種能夠直接執行四則運算的機器，也就是在加法和減法的基礎上，直接運算乘法和除法；後來，他又發明了一種「萊布尼茲輪」，這種轉輪可以很便利的解決進位問題。在隨後的三個世紀裡，各種機械式計算器都運用到萊布尼茲輪。

萊布尼茲，就是與牛頓先後發明微積分的那位科學家。在微積分課程，我們會碰到著名的萊布尼茲公式。除此以外，萊布尼茲還擅長政治學、法學、倫理學、神學、歷史學、哲學、語言學等諸多領域，是一位不可多得的「通才」。

四則運算當然不是終點，19世紀時，英國著名數學家巴貝奇設計出「差分機」，用來計算多項式，也涉及微積分。1823年，英國政府出資

巴貝奇後來還設計了更複雜的
「分析機」，有些概念類似於現代電腦。

讓巴貝奇製造差分機，但由於這個機器太複雜，包括上萬個齒輪在內，裡面總共有兩萬五千個零件，以當時的工藝根本無法製造；直到1832年，巴貝奇用了近十年的時間，也只造出了一部小型的工作模型，完成度僅僅是整體的七分之一，這個計畫後來就暫停了。

►03
讓機器自動運算

如果有一臺計算機能夠依靠程式自動運算，那該多好。

德國工程師楚澤首次實現了這樣的功能。在從事設計工作的時候，楚澤發現，很多煩瑣的計算其實都在使用相同的公式，只是代入的資料不同，這種重複的工作似乎可以交給機器去完成。有了這個想法後，1936年，二十六歲的楚澤乾脆辭職專心研究這種機器，但他並沒有多少關於計算機的知識。當時，圖靈已經提出了計算機的數學模型，楚澤卻對此一無所知。

不過，楚澤的數學基礎非常好，他將布林代數（用於集合運算和邏輯運算）用在計算機的設計，用「二值邏輯」控制機械計算機的開關，

搭建了使用二進位運算的簡單機械模組，然後再用很多這樣的模組搭建出計算機。

1938年，楚澤獨自一人研製出了由電力驅動的機械式計算機，代號Z1。這臺計算機具有現代電腦的很多組成部分，比如控制器、浮點運算器、程式指令、輸入輸出設備（35毫米打孔膠片）。更重要的是，Z1是世界上第一臺依靠程式自動控制的計算機，在電腦發展史上是一個重大突破──在這之前的各種計算機，無論結構多麼複雜，動力來自人或是電，都無法自動運行程式。

Z3 計算機

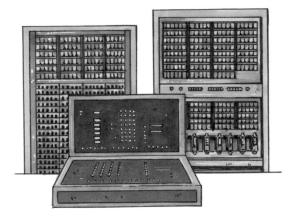

接下來，楚澤又研製出採用繼電器代替機械控制的Z2計算機，以及能夠實現**圖靈機**全部功能的Z3計算機。雖然這些計算機的工作效率比不上後來美國人發明的電腦，但它們仍有劃時代的意義。在巴貝奇時代，計算機的設計理念愈來愈複雜，而楚澤運用程式設計把複雜的邏輯變成了簡單的運算，這才讓後來的計算機能夠不斷進步。

遺憾的是，工程師楚澤並不是理論家，無法將他的工作提升到理論的高度。在理論上解決電子計算機問題，還要靠夏農、圖靈，與馮・紐曼等人。

夏農主要是因為提出資訊理論而被大家熟知，當然，他還有一大貢

獻，就是設計了能夠實現布林代數，也就是用二進位進行運算和邏輯
控制的**開關邏輯電路**。如今所有電腦處理器的運算功能，都是由無數
個開關邏輯電路搭建出來的，就如同用一個個樂高積木搭出一個複雜
的房子一樣。

夏農解決了計算本身的問
題，而圖靈解決了電腦的
控制問題。1936年，年僅
二十四歲的圖靈，用一種
抽象化的數學模型，描述
了機械進行計算的過程，
這個數學模型就是「圖靈
機」。至此，電腦的數學模型便準備好了。

夏農解決了計算本身的問題

「圖靈機」本身並不是具體的電腦，而是為後來的電腦奠定的一種設計
原則。1943年，出於戰爭的需要，美國開始研製世界上第一臺電腦，
用來解決長程火炮中的計算問題。美國軍方將這個任務交給了賓夕法
尼亞大學的教授莫奇利，和他的學生埃克特。他們在1946年研製出的
那臺電腦，代號為ENIAC。

ENIAC是個龐然大物，重量超過三十噸，佔地一百六十多平方公尺，使
用約一萬七千多個真空管、七千多個晶體二極體、七萬多個電阻器、
一萬多個電容器，以及約五百萬個焊接頭，耗電量大約是十五萬瓦特。

當時它一啟動，周圍住家的燈都要變暗。ENIAC的運算速度是每秒五千
次，只有現今智慧型手機的百萬分之一，但在當時，大家都覺得這已
經非常快速了，以至於觀看這部機器演示的英國將軍蒙巴頓，稱它為

ENIAC 背後有一群女性程式設計師

「電子大腦」（electronic brain），「電腦」一詞由此而來。

在 ENIAC 之前，人類研發的計算機都是為了進行特殊運算。然而，一次偶然的事件，讓人類在電腦發展過程中少走了很多彎路。1944 年，當時正在研發氫彈的馮‧紐曼，聽說了莫奇利和埃克特正在研發電腦，此時他正需要解決大量計算問題，所以他也參與了電腦的研發。不過，後來馮‧紐曼等人發現，ENIAC 在更換程式時，都需要重新接線、切換開關，會耗費大半天時間，但那時設計已經完成，並且建造了一半，只好硬著頭皮繼續做下去；與此同時，美國軍方決定按照馮‧紐曼的想法再造一臺全新的、通用的電腦。於是，馮‧紐曼和莫奇利、埃克特，一起提出新方案：EDVAC（離散變量自動電子計算機）。1949年，EDVAC 被製造出來，並投入使用，這便是世界上第一臺，採用二進位制的通用型電腦。

接下來，電腦發展既需要計算力的提升，也需要擴大產量。

▶ 04
什麼是摩爾定律

早期的電腦使用真空管做為元件，不僅速度慢、耗電量大，而且價格昂貴，還容易損壞。幸好在電腦誕生後不久，一項新發明解決了這個問題。

電晶體

鍺晶體

1947年，AT&T貝爾實驗室的英國科學家蕭克利和他的兩位同事巴丁、布萊頓，一起發明了由半導體材料製成的電晶體。使用電晶體取代真空管後，不僅電腦的速度提升了百倍，各項成本也大幅降低了。

1956年，蕭克利辭去貝爾實驗室的工作，在舊金山灣區創辦了自己的半導體實驗室。利用累積的名氣，蕭克利很快就網羅了一大批科技界的青年才俊，包括後來發明了積體電路的諾伊斯、提出摩爾定律的摩爾，以及創投公司KPCB的創始人克萊納等。為了保證找到的人都絕頂聰明，蕭克利的招聘廣告是由代碼寫成，並刊登在學術期刊上，一般人根本讀不懂他的廣告。

不過，蕭克利雖然是科學上的天才，卻對管理一竅不通，他也沒有商業上的遠見。1957年9月18日，蕭克利手下的八位年輕人向他提交辭呈，令蕭克利勃然大怒，稱他們為「八叛徒」。

後來《紐約時報》稱1957年9月18日這一天，為改變世界的十大日子之一。

蕭克利與「八叛徒」分道揚鑣

因為在蕭克利看來，他們的行為不同於一般的辭職，而是學生背叛老師。此後，「叛徒」這個詞在矽谷的文化當中倒是成為褒義詞，它代表一種敢於對抗傳統的創業精神。

1957年，這八位年輕人一起創辦了「快捷半導體公司」，其中一位創始人諾伊斯，和德州儀器公司的基爾比，共同發明了**積體電路**。積體電路是將很多電晶體和複雜的電路，集中到一個指甲蓋大小的半導體晶片上，不僅可以大幅提升電腦的性能，還可以降低功率損耗和成本。

快捷半導體公司開創了全世界的半導體行業，被譽為「世界半導體公司之母」。20世紀60年代，全球各大半導體公司的領導人齊聚開會時，驚奇的發現，90%的與會者，先後都曾在快捷半導體公司工作過！這些公司大部分集中在舊金山灣區。由於積體電路使用的半導體原料主要是矽，依靠積體電路產業而發展起來的舊金山灣區，後來被外界稱為**矽谷**。

矽谷

1965年，大多數人還不知道什麼是積體電路，快捷半導體公司的另一位創始人摩爾

摩爾

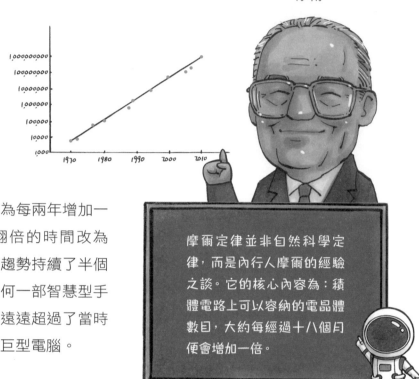

就提出了著名的「摩爾定律」，並大膽預測積體電路的性能每年會增加一倍；1975年，他將預測修改為每兩年增加一倍。後來人們把翻倍的時間改為十八個月，而這個趨勢持續了半個多世紀。現今，任何一部智慧型手機的計算能力，都遠遠超過了當時控制阿波羅登月的巨型電腦。

> 摩爾定律並非自然科學定律，而是內行人摩爾的經驗之談。它的核心內容為：積體電路上可以容納的電晶體數目，大約每經過十八個月便會增加一倍。

也正如摩爾定律所言，隨著性能持續提升，積體電路的價格持續下降，到1976年，電腦終於成了一般個人用戶也消費得起的商品。從這時起，小小的半導體晶片的影響力，不再限於電腦產業，而是開始改變整個世界的經濟結構。

沃茲尼克　　　　　賈伯斯

這一年，矽谷地區的工程師史蒂夫・沃茲尼克，他設計並手工打造了世界上第一臺個人電腦——Apple I，他的朋友史蒂夫・賈伯斯則提出銷售這臺電腦，並且成立了蘋果公司，從此開啟了個人電腦時代。

保羅・艾倫　　　比爾・蓋茲

1975年1月，工程師保羅・艾倫，與還在學校裡讀書的比爾・蓋茲在美國的《大眾電子》雜誌上，看到了一篇MITS（微型儀器和遙感系統）公司介紹他們的微型電腦Altair 8800的文章。於是蓋茲聯繫了MITS公司總裁愛德華・羅伯茲，表示他們已經為這款機器開發出BASIC程式★，實際上，當時他們一行代碼也沒有寫。

MITS公司同意幾週之後見面，並看看蓋茲的東西。1975年2月，經過夜以繼日的工作，蓋茲和艾倫編寫出可在Altair 8800上運行的程序，並出售給MITS公司；1976年11月26日，蓋茲和艾倫註冊了「微軟」商標，當時艾倫二十三歲，蓋茲二十一歲。

1980年，IBM公司為了以最快的速度推出個人電腦，公開尋找合適的作業系統，蓋茲看到機會，他用7萬5000美元買來磁片作業系統（DOS），轉手賣給了IBM。蓋茲的聰明之處在於，他沒有讓IBM買斷DOS，而是從每臺電腦的收益中收取一筆不太起眼的授權費。後來，IBM變成眾多個人電腦製造商之一，而所有的個人電腦作業系統都離不開DOS，比爾・蓋茲被譽為「機器背後的人」。而微軟更大的貢獻在於視窗作業系統，尤其是Windows 3.0的出現，具有劃時代的意義。

20世紀60年代開始，摩爾定律成了全球經濟的根本動力。人類消耗了更少的能量，卻產生了更多的資訊，而傳遞訊息的能力也在翻倍增長。現今全球數據量的增長速度，大約是每三年翻一倍，並且這一趨勢還在延續。因此，人類來到了資訊時代。

★編註：BASIC是一種電腦程式設計語言。

▶ 05

無遠弗屆的網際網路

在20世紀60年代，電腦十分昂貴，美國70%的大型電腦都由「高等研究計畫署」支持，這是美國國防部成立的機構。當時，要使用這些大型機器裡面的資訊，往往需要出差，這是一件很麻煩的事情。於是，1967年，高等研究計畫署的勞倫斯・羅伯茲負責建立起一個網路，讓大家可以遠端登入使用大型電腦，共用資訊。這個網路被稱為「阿帕網」（ARPANET），它就是網際網路的前身。

勞倫斯・羅伯茲，阿帕網之父

最初的阿帕網只連接了四部電腦，它們被分別放置在美國西部的四所大學裡。1969年10月29日，加州大學洛杉磯分校電腦系的學生查理・克萊恩，向史丹佛研究中心發出了阿帕網上的第一條資訊——login（登錄），遺憾的是，剛收到兩個字母，系統就崩潰了。工程師又忙碌了一個小時，克萊恩再次嘗試，才將這五個字母發送過去。

1981年，為了方便研究人員遠端使用，美國國家科學基金會（NSF）在阿帕網的基礎上進行大規模的擴充，形成了NSFNET，這就是早期的網際網路。由於是為了科學研究，美國國家科學基金會提供網路營運的

費用，讓大學教授和學生免費使用，這個決定，成為今日免費使用網際網路的傳統。

20世紀80年代末，一些公司也希望接入網際網路，當然，美國國家科學基金會沒有義務為它們買單，因此就出現了商業型網際網路服務提供者。不過，網際網路最初規定，不允許在上面從事商業活動，比如做廣告、買東西等，因此，網際網路的發展速度受到了一定影響。

20世紀90年代開始，美國政府退出對網際網路的管理。1990年，美國高等研究計畫署首先退出管理網際網路；五年後，美國國家科學基金會也退出了。從這時起，整個網際網路迅速商業化，大量資金湧入，使得網際網路開始爆發式成長。

網際網路的發展，說明了政府有必要扶持那些暫未產生效益的新技術，當技術成熟、可以靠市場機制發展時，政府便可以放飛這隻長大的鳥兒。

網際網路的發展還帶來一個結果，就是個人不再需要購買速度很快、很耗電的電腦，人們完全可以使用位於計算中心的資源，這其實是網際網路誕生的初衷。當然，現今它被賦予了一個新的名詞——雲端運算。有了雲端運算，無論是個人還是企業，只要有一個便於攜帶的終端設備，就能隨時隨地訪問各種資源、查閱資訊，並且使用數據中心的伺服器處理各種業務。於是，從 2007 年開始，相應的各種設備，包括智慧型手機和平板電腦等便應運而生。

世界經由網路連接在一起

▶ 06
日新月異的行動通訊

進入 21 世紀後，貝爾等人開創的傳統電信行業（主要是固定電話）一直在走下坡。但同時，行動通訊卻飛速發展。

行動通訊是雙向無線通訊，它最方便，但難度也最大。相比有線通訊，無線通訊有三個難點：首先，傳輸速率受限制，根據夏農第二定律，傳輸速率不能超過頻寬；其次，無線通訊使用的無線電波訊號會在空氣中衰減，訊號若要傳得遠，就需要很大的發射功率；最後，無線電訊號很容易受到干擾，這既包括人為因素，又包括非人為因素，比如建築物的牆壁等。

行動電話剛生產出來時，有兩家公司在爭奪民用通訊領域的地位，分別是 AT&T 公司和摩托羅拉公司。AT&T 公司的主要業務是固定電話，它認為家庭用的無線電話是未來發展的方向；而以行動通訊見長的摩托羅拉則看準了行動電話。當時 AT&T 公司認為，即便發展二十年，到 2000 年，全球使用行動電話的人數也不會超過一百萬，然而，現實結果卻是它預測的一百倍。因此摩托羅拉主導了全球第一代行動通訊的發展。

從前的軍用無線電對講機，大小堪比磚頭！

不過，摩托羅拉的輝煌時代沒有持續太久，因為 2G（第二代行動通訊）很快開始起步。第一代行動電話是基於類比電路技術，

2G 時代的手機

設備昂貴而且笨重；第二代行動電話一方面採用新的通訊標準，另一方面重新設計晶片，做成一個專用積體電路，這使手機的體積變小，耗能變低，通訊速率大幅提高了。2G 的誕生，給了諾基亞和三星等公司後來居上的機會，而固守原有技術和市場的摩托羅拉則開始落後。

　　不過，諾基亞的榮景也隨著 3G（第三代行動通訊）時代的到來戛然而止。2007 年，做為一家電腦公司，蘋果開始進入行動通訊市場，它所推出的具觸控式螢幕的智慧型手機 iPhone，更像是一個小的電腦。

事實上，iPhone 的通話聲音並不清楚，相比其他老品牌完全沒有優勢，因此，當時諾基亞對這種花俏的手機嗤之以鼻。不過，市場很快證明，諾基亞變成了自己討厭的樣子，走上摩托羅拉的老路。不僅蘋果超越了「諾基亞們」，在谷歌推出通用、開源的手機作業系統「安卓」之後，以華為和小米為代表的新一批手機製造商崛起，最終並成為新時代的佼佼者。

還記得「摩爾定律」嗎？技術就是這樣快速更新換代，如果不能跟上時代的腳步，新的變革將會無情的淘汰從業者。因為時代變了，諾基亞累積了幾十年的行動通訊技術和經驗，也在一瞬間變得毫無用途。在 3G 時代，「打電話」已經變得沒那麼重要了，重要的是無線上網；到了 4G（第四代行動通訊）時代，行動裝置已經可以藉由網際網路進行即時語音通話和視訊，透過行動裝置上網的通訊量，甚至超過了透過個人電腦上網的通訊量。

4G 時代的手機

► 07
太空競賽

尤里・加加林

1961年4月12日，是全人類的歷史性時刻。當天上午，在哈薩克的拜科努爾太空發射場，蘇聯太空人尤里・加加林，登上那聳立在發射架的東方一號太空船；九點零七分，火箭點火發射，太空船奔向預定軌道，加加林在完成環繞地球一周的航行後，成功跳傘著陸。雖然加加林的整個太空旅行只持續了一百零八分鐘，中間還遇到了不少小問題，但是這次航行意義非凡，它標誌著人類第一次進入了外太空。

美國人也不甘示弱，1961年，美國總統約翰・甘迺迪，雄心勃勃的宣布了一個雄偉的太空計畫——十年內完成人類登陸月球，這個計畫以太陽神的名字命名，也就是著名的「阿波羅計畫」。這個計畫中，火箭的總設計師是馮・布朗。

登陸月球遠比載人進入外太空難得多，這需要火箭技術和資通訊技術的革命。在火箭方面，馮・布朗成功設計了迄今為止最大的火箭「土星五號」，最終實現了將人類送上月球並且安全返回的夢想。

土星五號的長度超過一個足球場，第一級火箭的推力高達三萬四千kN（千牛頓），這是人類有史以來製造出最大的發動機，這個紀錄一直保持至今。

登陸月球

從1961年甘迺迪宣布實施登月計畫，到1969年阿波羅十一號將阿姆斯壯等三人成功送上月球並安全返回，中間僅僅相隔八年時間。

相比美國，蘇聯的登月計畫進行得非常不順利。1966年，蘇聯航太之父科羅廖夫因積勞成疾，不幸去世；兩年後，身為蘇聯航太代表性人物的加加林也在一次飛行訓練中因意外空難身亡。而且因為受限於蘇聯的綜合工業水準，科羅廖夫設計的登月火箭N1的發射計畫一直延遲。1969年之後，雖然有過四次發射試驗，但都失敗了，最終，蘇聯放棄了這個計畫。

在另一方面，美蘇太空競賽也產生很多正面結果。一是讓人類飛出了地球，實現了人類遠行的飛躍。二是極大的促進了科技的進步，產生了很多今天廣泛使用的新技術、新材料。我們現今使用的很多東西，比如數位相機使用的CMOS（互補式金屬氧化物半導體）感測器，最初都是為太空探索的需要而發明的。

身處資訊時代，人類探索外部世界的同時，也在試圖釐清一個問題：我們是誰，為什麼我們和自己的父母長得很像？而在人類之外，為什麼種瓜得瓜、種豆得豆，動物是龍生龍、鳳生鳳？這個使人類思索上萬年的問題，終於在20世紀有了答案。

►08
從豌豆雜交開始的基因技術

「遺傳」和「基因」這兩個詞對現今的人來說再普通不過了，哪怕我們不能準確說出它們的定義，但在媒體上多次出現後，我們也能大致了解這兩個詞彙所表達的意思。然而退回到一百多年前，人們雖然能看到遺傳現象，也注意到一些遺傳規律，比如男性色盲人數要比女性多得多，但並不明白遺傳是怎麼回事，更不明白物種是如何能繼承親代的某些特徵。

孟德爾發現
遺傳定律

最早試圖回答這些問題的，是19世紀奧地利的教士孟德爾。孟德爾從年輕時起就是神職人員，他堅信上帝創造了我們這個豐富多彩的世界，同時，他懷著一顆無比虔誠的心，試圖找到上帝創造世界的奧祕。

二十九歲那年，孟德爾進入了奧地利最高學府維也納大學，全面而且有系統的學習了數學、物理學、化學、動物學和植物學；三十一歲時，他從維也納大學畢業並返回修道院，隨後被派到學校教授物理學和植物學，在十四年的授課時間裡，孟德爾進行了著名的豌豆雜交實驗。

孟德爾選用豌豆做實驗主要有兩個原因。首先，豌豆有很多成對出現、容易辨識的特徵：例如從植株的大小上看，有高、矮植株兩個品種；從花的顏色來看，有紅、白兩種；從豆子的外型看，有表皮光滑和表皮皺紋兩種；另外，豌豆通常是自花授粉，不易受到其他植株的干擾，因此品種比較純，便於做實驗比較。

孟德爾在幾年時間裡，先
後種了兩萬八千株豌豆，
做了很多實驗，發現了兩
個遺傳學規律。首先，決
定各種特徵的遺傳因子
（當時他還不知道「基因」

用A代表顯性，用a代表隱性。
第一代為 AA×aa，第二代只能
得到Aa；第二代為 Aa×Aa，第
三代就有可能得到AA、Aa與
aa。aa會表現出隱性特徵。

這個概念）應該有兩個，而不是一個，其中一個是顯性的（如紅花），
另一個是隱性的（如白花），他稱為**顯性法則**。在授粉時，每一親體
分離出一個因子留給後代。對後代而言，只要有一個是顯性的紅花因
子，它就呈現出紅花的特性，而白花的因子是隱性的，只有兩個隱性
白花因子在一起的時候，它才呈現白花的特性。

在第一代雜交時，孟德爾使用純種紅花豌豆與純種白花豌豆做實驗，得到
的第二代豌豆花全都是紅色，因為它們的遺傳因子都是一顯性與一隱性
的組合。而用第二代豌豆繼續繁衍第三代時，就出現後代有1/4的白花豌
豆，它們的遺傳因子是兩個隱性的白花因子。孟德爾發現，兩個成對的遺
傳因子，在繁衍後代時會分離，這個規律也被稱為遺傳學的**分離律**。

其次，孟德爾還發現，將豌豆植株依照高矮和顏色兩個特性進行混合
雜交實驗，結果豌豆的多種遺傳特徵彼此之間沒有相互影響，也就是
高矮與紅白花之間沒有聯繫，他把這個發現稱為**獨立分配律**。

第一代　　　　　　　　　　　　　第二代

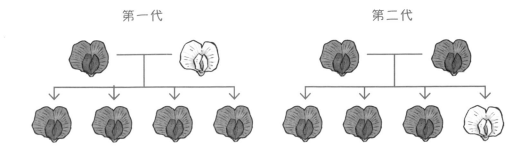

孟德爾還做了類似的動物實驗，但可能並不成功，沒有留下什麼有意義的結果。在動物實驗中證實孟德爾的理論，並且由此建立起現代遺傳學的人，是美國科學家摩根。

在摩根的時代，很多生物學家都試圖在動物身上驗證孟德爾的理論，但是都不成功，其中一個重要原因是沒有選好實驗對象。許多人嘗試用老鼠做實驗，結果雜交得到的後代，特徵五花八門，大家不禁質疑孟德爾實驗結論的普遍適用性，摩根也在其列。

不過摩根意識到，可能是老鼠的基因情況比較複雜，而非孟德爾的理論出了錯。於是他改用基因簡單的果蠅做實驗，果蠅這種小飛蟲每兩個星期就能繁殖一代，而且只有四對染色體★，因此直到現今都是做實驗的好材料。但是果蠅不像豌豆那樣特徵明顯，要在小小的果蠅身上找到可供對照比較的特徵並不容易。摩爾根透過物理、化學和放射線等各種方式，經過兩年的培養，終於在一堆紅眼果蠅中發現了白眼果蠅，從此他開始進行**果蠅雜交實驗**，並證實了孟德爾的研究成果。

不同性狀的果蠅

隨著後來一系列果蠅遺傳突變的研究，摩根首先提出了**性聯遺傳**的概念，也就是在遺傳過程中，子代部分的性狀總是和性別相關，例如色

★編註：染色體主要由DNA和蛋白質組成，是承載基因的結構。

盲和血友病患者多為男性。發現性聯遺傳後，摩根進一步研究，觀察到**基因的連鎖和交換**。

一個生物的所有基因數目是很大的，但染色體的數目要小得多。以果蠅為例，牠只有四對染色體，而當時經摩根發現和研究的果蠅基因，就有好幾百個，這顯示，一條染色體上存在許多個基因。基因連鎖的意思是，在生殖過程中，只有位於不同染色體上的基因，才可以自由組合，而同一條染色體上的基因，應當是一起遺傳給後代，在後代的特徵表現上，就是有一些性狀總是相伴出現，它們組成一個**連鎖群**。

接著，摩根更發現，同一個連鎖群裡，基因的連鎖並不是一成不變的，這是說，不同連鎖群之間有可能發生**基因交換**。此外，他還發現在同一條染色體上，不同基因之間的連鎖強度也不同，兩個基因位置距離愈近，則連鎖強度愈大，位置愈遠則發生交換的機率愈大。後來，人們把摩根的這個理論稱為「基因的連鎖交換定律」。摩根不但成功解釋了困擾人類幾千年的性聯遺傳疾病問題，而且最終建立了完善的現代遺傳學理論。

摩根開創了現代遺傳學，同時也帶來一系列謎團：基因到底是由什麼構成的（或者說它裡面的遺傳物質是什麼）？它的結構是什麼樣的？是什麼力量讓它能夠連接在一起，在遺傳時又為什麼會斷開？基因又是怎麼複製的……

1933年，摩根獲得諾貝爾生理學或醫學獎。後來，為了紀念摩根對遺傳學的貢獻，遺傳學界使用他的名字「摩根」做為衡量基因之間距離的單位，遺傳學領域的最高榮譽獎章也命名為「摩根獎章」（Thomas Hunt Morgan Medal）。

DNA 雙螺旋結構

基因裡面的遺傳物質是由DNA構成，人類從觀察到DNA，一直到確定
它是基因的遺傳物質，並釐清它的結構，花了將近一個世紀的時間。

1869年	1929年	1944年	20世紀40年代末到50年代末	1962年
一位瑞士醫生在顯微鏡下觀察到細胞核裡面的DNA，「核酸」一詞因此得名。	美籍俄裔化學家利文，提出一些關於DNA化學結構的假說，例如DNA包含四種鹼基，由鹼基、糖分子以及磷酸，構成核苷酸單元。	洛克菲勒大學（當時是洛克菲勒醫學研究所）的三名科學家，埃弗里、麥克勞德、麥卡蒂證實DNA承載著生物的遺傳因子，並且分離出純化後的DNA。	科學家發現DNA的結構；發明利用限制酶切割DNA的技術；發現RNA（核糖核酸）的結構以及DNA－RNA配對的機制。	華生、克里克、威爾金斯，因為發現DNA的分子結構，獲得諾貝爾生理學或醫學獎。

了解DNA的分子結構，不僅使人類破解生物遺傳的奧祕，而且有助於
解決很多醫學、農業和生物學領域的難題。

第十章

未來世界

21世紀僅僅過了五分之一，接下來，科技會取得什麼重大突破呢？哪些夢想會成為現實呢？

到2100年的時候，人類可以活到兩百歲嗎？人類可以走出太陽系，穿越星際之間嗎？什麼新能源會取代石油？今天的我們無法給出肯定或否定的回答，就像一百年前的人們想像不到現在世界的樣子。不過，我們可以繼續沿著能量和資訊／訊息的思路，去尋找一絲未來的曙光。

▶ 01

人類可以編輯基因嗎？

人類想藉由修復基因來治療疾病的想法，其實早在20世紀70年代就有了，但是，這個問題實在太複雜了，直到再過了二十年後的90年代，才被批准臨床實驗。在接下來的十年裡，全世界陸續有少量的臨床試驗獲得成功，1993年美國加州大學洛杉磯分校的科恩教授，利用**基因修復技術**治療一個先天缺乏免疫功能的嬰兒。這個小孩因為基因缺陷，使免疫系統發育不完善，如果不救治，很快就會

死亡。科恩的辦法是將一種病毒做為工具，用一段正常的基因代替小孩幹細胞中錯誤的基因，得到正常的幹細胞，再將這種幹

幹細胞是原始的細胞，它具有分化發展成各種不同細胞的潛力。

細胞注入回小孩的體內，這個小孩從此就有了免疫力。但是四年後，他的免疫力又消失了，顯示療法仍須改進。到 2000 年，全世界一共有兩千例基因療法，有些成功了，但也很多不成功的例子。

2000 年後的十年裡，基因療法的臨床試驗進展非常緩慢，很重要的原因是在 1999 年的一系列臨床試驗都失敗了，科學家意識到，基因療法遠比想像的更複雜得多。這一年，科學家用基因療法醫治一個名叫基爾辛格的年輕人，基爾辛格身上缺乏一種消化酶，是肝臟細胞的基因缺陷，使得他體內的氨無法排出，時間長了會中毒，因此只能吃低蛋白質的食物，並且要定期服藥。醫生將帶有正確基因的病毒注入基爾辛格體內，目標是修復肝臟細胞，但是，不該被影響的巨噬細胞卻被病毒感染了。巨噬細胞是重要的免疫細胞，基爾辛格的整個免疫系統失控，很快便死亡了。

巨噬細胞

2012 年，事情有了轉機，歐洲成功用基因療法治好了一些罕見疾病；2017 年，使用基因編輯技術治療癌症的臨床試驗，再次被批准。

現今，最為成熟的**基因編輯技術**是 CRISPR-Cas9 技術。這項技術其實是人們在細菌和古細菌身上發現的一種免疫系統，當病毒入侵細菌體內，並試圖做壞事的時候，這個系統就會啟動，把病毒的 DNA 從自己身上切除。而 Cas9 是一種**核酸酶**（一種可以切割 DNA 的分子），是 CRISPR 用來切掉目標 DNA 的工具。

既然CRISPR-Cas9本身具有切除和修復基因的功能，它的作用原理是否可以用在人類和動物基因的修復呢？

> CRISPR 是英文 Clustered Regularly Interspaced Short Palindromic Repeats 的首字母縮寫，翻譯成中文的意思是「常間回文重複序列叢集」。是 1987 年日本科學家在大腸桿菌內發現，具有特別規律的基因片段，某一小段 DNA 一直重複，重複片段之間又有相等的間隔。

2010年，詹妮弗·杜德納、埃馬紐埃爾·夏彭蒂耶，以及美籍華裔科學家張鋒，各自獨立研究利用 CRISPR-Cas9 進行基因編輯。其中，杜德納和夏彭蒂耶獲得了 2015 年生命科學突破獎，而張鋒的工作在 2013 年被《科學》雜誌評為當年十大科技突破之首。

隨著對於人體基因愈來愈了解，我們就愈來愈能夠把握自己的未來，例如容易患糖尿病或者某種癌症的人，及早防治，就可有效的延長生命。至於何時能夠藉由修復DNA來治療疾病，現在還處於臨床階段，但是在十到二十年內，這項技術應該會有更廣泛的應用。

CRISPR-Cas9 彷彿是一把 DNA 的剪刀。

▶ 02
掌握核融合反應

1964年，蘇聯天文學家尼古拉·卡爾達肖夫，提出了一種劃分宇宙中文明等級的方法，以各文明掌握的能量等級為標準，從低到高排列，

具體如下：顯然，人類連 I 型文明也沒達到，因為人類還未能控制地球上所能產生的最大能量——核融合。

I 型文明

掌握文明所在行星以及周圍衛星能源的總和。

II 型文明

掌握文明所在的整個恆星系統（太陽系）的能源。

III 型文明

掌握文明所在的星系（銀河系）裡面所有的能源，並能運用。

早在 1905 年，愛因斯坦就指出，人類獲取能量的終極方法，就是將物質轉化成能量。在獲取能量方面，比**核分裂**（原子彈和現有核電廠使用的原理）更有效的是**核融合**。核融合的原理和太陽發光的原理相同，它是將原子量小的元素快速碰撞，融合變成原子量較大的元素。在這個反應中，因為損失了部分質量，所以將產生巨大的能量。

核融合比核分裂更有優勢。首先，在同樣質量下，核融合所產生的能量比核分裂高出數倍，這也是氫彈的威力比原子彈高出上百倍的原因；其次，核融合所需的化學元素氘和氚，廣泛存在於海水當中，一公升海水中的氘和氚，如果完全發生核融合反應，釋放的能量則相當於三百公升汽油的能量，這種能量幾乎取之不盡、用之不竭。相反，用於核分裂的放射性元素，在地球

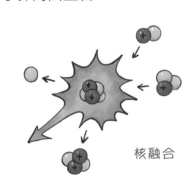

核融合

上的含量很有限；最後，因為核融合反應沒有放射性，因此更安全，相比現在的核電廠，一旦發生事故，洩漏出的核廢物是非常危險的。但遺憾的是，自發明氫彈後已經過了大約七十年，人類依然沒有能力控制核融合反應。

核融合反應需要攝氏幾百萬度的高溫。在這樣的溫度下，沒有任何容器可以「盛」得住參加反應的物質。因此，雖然人類知道地球上最多的能量所在，但就是無法利用。

發愁的科學家

1986年，蘇聯車諾比核電廠發生故障，導致了嚴重的核洩漏事件，造成數千人死亡，十五萬平方公里的地區遭到核汙染。

我們都知道，物質基本上有三態：固態、液態和氣態。其實，當物質的溫度升高到一定程度後，就會處於第四種狀態——等離子態（電漿），這時原子中的電子和原子核分開，處於這種狀態的原子核便可以互相接近，開始核融合反應。

原子由原子核與外圍的電子所組成。原子核的質量遠大於電子，而電子分布在原子核外的特定範圍中。

如果能產生出高溫的電漿，就可以進行核融合反應。至於怎麼才能盛得住這樣高溫的物質，英國物理學家，諾貝爾獎得主喬治·湯姆森在1946年提出，利用「自

根據電磁感應原理，電流會在自身周圍空間建立磁場，使得相互平行的帶電導體或者帶電粒子束彼此吸引。若帶電導體是液體或電漿，則由於離子的運動所產生的磁場，會使導體收縮，就好像它的表面受到外力，產生向內的壓力。導體的這種收縮現象稱為「自束效應」(pinch effect)。

束效應」使電漿離開容器壁，並加熱到所需溫度來實現可人工控制的核融合反應；再後來，兩位著名物理學家塔姆、薩哈羅夫提出，在環形電漿中通過巨大電流，所產生的強大的極向磁場和環向磁場，一起形成一個虛擬的容器，可以將電漿約束在磁場內部。根據這個原理，物理學家發明了一種稱為托克馬克的核融合裝置（又稱為環磁機）。

然而，托克馬克消耗的能量非常巨大，目前所有的托克馬克裝置都是「得不償失」。不過好消息是，產生能量和消耗能量的比值（稱為Q值）在不斷提升，這個意思是，科學家可以用更少的電能產生出更多的核能。

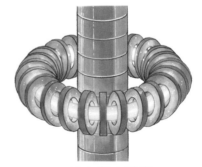

托克馬克裝置

在核融合反應產生的能量中，大約有1/5可以利用，也就是說，Q值必須大於5，消耗的能量和獲得的能量才達到平衡。再考慮到能量轉換中的損失，國際上公認的能量收支平衡點Q必須達到10以上。而要使得核融合發電具有商業競爭力，則Q值需要達到30。因此，目前實驗階段的受控核融合裝置和實用程度相去甚遠，樂觀的估計還需要三十到四十年的時間。

➤03
什麼是量子通訊

在通訊方面，人類的探索也同樣艱難。

在通訊環節中，數據資料的丟失不外乎發生在兩個地方，即資料來源和傳輸過程中。即使能夠保證資料可安全的存取，不被盜用，是否也能保證在傳輸過程中不被截獲呢？換一種問法，是否存在一種理論上無法被破譯的密碼呢？

如果我做錯了什麼，請讓法律懲罰我，而不是用密碼折磨我（哭）。

資訊理論的發明人夏農早就指出，一次性密碼在理論上來說是永遠安全的。但是，要如何準確的把這個訊息傳遞給接收方，是個值得重視的問題。如果傳輸出現錯誤，加密就無從談起了。

近年較為熱門的量子通訊技術，一直試圖解決這個問題。

量子糾纏

量子通訊的概念來自於量子力學中的**量子糾纏**，它的概念是，一對糾纏的粒子，當其中一個狀態改變時，另一個狀態也會改變，利用這種特性，可以用來通訊。但是這僅僅在很有限的實驗裡被證實，離應用還很遠。

現今所說的量子通訊，實際上是另一回事，它是一種特殊的雷射通訊技術，這種技術是利用光子的量子特性（偏振的特性），來傳遞一次

光的振動面只限於某一固定方向的，叫作平面偏振光。簡單來説，偏振光就是一種「有方向」的光，只有從特定方向看才能看到。在生活中，我們可能見過某些手機螢幕，只能從正面看到顯示的內容，側面就看不到了，這就是應用偏振光的原理。

性加密的密碼。當通訊雙方有了共同的一次性密碼，而又不被協力廠商知道，便是可靠的加密通訊。這個過程也被稱為「量子密鑰分發」(QKD)，它的原理是，利用光子的偏振方向傳遞訊息，在傳遞的過程中，發送方和接收方透過幾次通訊，彼此確認偏振光方向的設置，實際上相當於雙方約定好一個密碼，而這個密碼只使用一次。

接下來就是調整偏振光的方向，發送加密訊息，而接收方在接收到訊息後，則用約定好的密碼解碼。

量子通訊的概念早在20世紀80年代就被提出來，而量子金鑰分發也被稱為BB84協定，其中84代表協定最後定稿的1984年。從2001年開始，美國、歐盟、瑞士、日本和中國先後開始量子通訊的研究，通訊的距離從早期的十公里左右發展到了現今的一千多公里。但是，想要進行遠距離、高速度的通訊，還有很長的路要走，離應用至少還有十年，甚至更長的時間。

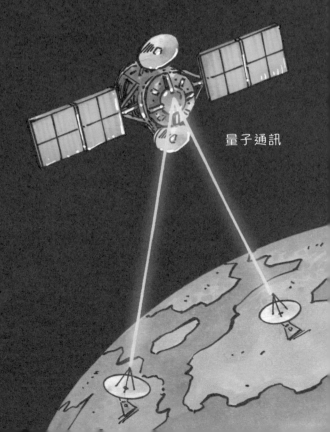

量子通訊

➤ 04
未來會是什麼面貌

對於21世紀的科技發展，我們唯一能夠準確預言的，就是它的進步速度和成就的數量要遠遠高於20世紀。人類通常會高估一年至五年的科技進步速度，而低估十年至五十年的發展水準。21世紀會有很多今日尚在萌芽階段，甚至還沒有出現跡象的科技成就，我們無法將它們一一列舉出來，畢竟，生活在當下的人很難想像未來的世界。不過，從我們現今的需求出發，根據目前已累積的技術，沿著能量和資訊／訊息所提示的方向，我們至少可以看到下列一些比較重要的研究領域。

第一，資通訊技術器材的新材料。

在過去的半個多世紀裡，人類的發展在很大程度上依賴半導體技術的進步，或者說是「摩爾定律」在發揮作用。同樣的能量消耗，人類可以讓電腦處理和儲存更多的資訊。

手機過熱！

但是，隨著積體電路愈來愈複雜，它消耗的能量在逐漸增加。現今，同樣體積的半導體晶片所消耗的能量，已經超過了核反應爐的功率。這些能量並不全消耗在計算上，大多數是變成了無用的熱能；同時，為了讓小型電腦設備降溫，又需要耗費額外的能量。因此，能量耗損已經成為資通訊技術發展的瓶頸，對此，我們每一個使用手機的人應該都有體會。

拓撲絕緣體

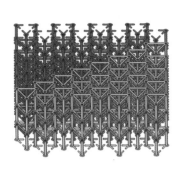

要解決這個問題，沿用現有的技術是辦不到的，需要有革命性的新技術。在諸多未來的新技術中，可以分為開源和節流兩類：開源技術包括使用能量密度更高的供電設備，比如電極距離非常近的**奈米電池**；而在節流方面，幾乎不損能量的「拓撲絕緣體」則可能成為未來資通訊技術的新載體，這是一種表面具有超導體特徵，而內部是絕緣體的新材料。

2016年的諾貝爾物理學獎，頒給了在拓撲絕緣體領域研究的三位物理學家：大衛・杜列斯、鄧肯・哈爾丹、約翰・科斯特利茲。當然，找

大衛・杜列斯　　鄧肯・哈爾丹　　約翰・科斯特利茲

到製作這種材料的方向，並且將它們應用於產品，還有很長的路要走。

第二，星際旅行。

2018年2月，美國太空探索技術公司（SpaceX）的獵鷹重型運載火箭成功發射，讓很多人又一次燃起登陸火星的激情，許多關心科技的讀者都在熱烈議論這個話題。

人類探索太空的意義非常重大，除了滿足好奇心，還有為人類找到備用的家園。但是，星際旅行對人類自身來講是難以完成的任務，因為在地球上演化了上百萬年的人類，並不適合長期在太空生活，就算移民到條件和地球很相似，離地球距離不算太遠的火星，都不是一件容

載人火星飛行

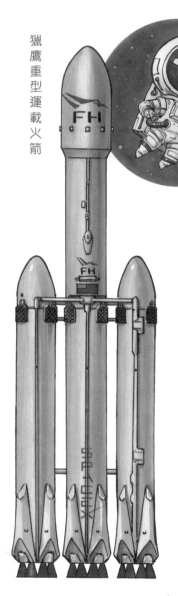

獵鷹重型運載火箭

易的事情。若按照阿波羅計畫的思路進行載人火星飛行，這是不實際的，人類必須在能量利用和資訊利用上有「質的飛躍」，才能完成這個任務。

早在完成阿波羅計畫之後，馮·布朗就考慮過使用核動力火箭來登陸火星，並且提出一項名為 NERVA（Nuclear Engine for Rocket Vehicle Application）的火星計畫，很多相關技術已實驗成功，但是由於成本太高而被美國總統尼克森否決了。後來，遠端通訊、人工智慧和機器人技術進一步發展，很多原本需要人類完成的任務，就可以交給機器人了，例如火星的早期探測。如果人類在未來真的會親自到火星探索，就需要先搭建供人類居住的火星站，這件事也將交給機器人去完成。

無人機探索火星

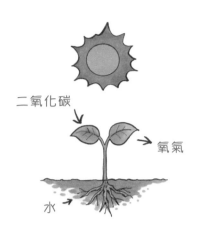

二氧化碳

氧氣

水

第三，人工光合作用。

如果人類想在火星或者其他沒有生命的星球上長期
生存，就需要解決食物問題，而從地球上運輸食物
並不是個好主意。以現有技術能夠實行的解決辦
法，便是人工光合作用：在奈米催化劑的作用下，
運用太陽光、水和二氧化碳，合成出澱粉等碳水化
合物，以及氧氣，這項技術已經在幾個實驗室裡證實可行，而且人工
光合作用的能量轉換率可以達到植物光合作用的十倍左右。這項技術
不僅可以為太空旅行的人提供能源和食物，也能澈底解決因二氧化碳
含量上升引起的全球暖化問題，還能夠提供人類所需的能源。

有許多人覺得太陽的能量強度不夠，其實這是誤解。太陽能到達地球
大氣層的總功率大約是170拍瓦（1拍瓦=10^{15}瓦），相當於八百萬座長
江三峽水電站的發電能力；到達火星表面的太陽能總功率也高達20拍
瓦，對人類生存所需來說，這些能量是綽綽有餘的，關鍵是如何利用
能量。

水壩的功能之一是水力發電

我們共度數十年了呢

第四，延緩衰老。

隨著醫學的進步和社會衛生保健水準的提
高，人類的壽命在不斷延長。全球人均預期
壽命在1990年還只有64.2歲；到2019年，這
個數字已經增加到72.6歲；到2050年，這個數字很可能會繼續增加到
77.1歲。而僅僅在半個世紀之前，世界人均壽命還只有55歲左右，已
開發國家也沒有超過70歲。由此可見，人類平均壽命增長之快，這讓
人們對人類未來的壽命有了更高的期許。

現今，很多人一直有這樣一個疑問：如果我們能夠編輯自己的基因，
是否能夠長生不老呢？對於這個問題，簡單的回答是：完全不可能。

人類平均壽命提高之後，另一個大問題就是：出現大量與衰老相關的
疾病。在過去的十多年裡，導致美國人死亡的前四類疾病，心血管疾
病、癌症、中風這三類疾病的死亡率都在下降，唯獨與衰老相關的疾
病（如阿茲海默症）在上升。基因泰克公司前首席執行官，Calico公司
（谷歌成立的一家健康科技公司）現任首席執行長萊文森博士認為，最
有意義的事情，是找到那些導致人類衰老的原因，從而防止病變甚至
修復一部分機能，讓人類能夠健康活到一百一十五歲，最好直到生命
結束的前一天還非常健康。

大開眼界！超好讀人類科技史

作者	吳軍

責任編輯	許雅筑
美術設計	黃淑雅
內文排版	立全電腦排版

出版｜快樂文化出版

總編輯	馮季眉
編輯	許雅筑
FB 粉絲團	https://www.facebook.com/Happyhappybooks/

讀書共和國出版集團

社長	郭重興
發行人兼出版總監	曾大福
業務平台總經理	李雪麗
印務協理	江域平
印務主任	李孟儒
發行	遠足文化事業股份有限公司
地址	231 新北市新店區民權路 108-2 號 9 樓
電話	(02) 2218-1417
傳真	(02) 2218-1142
法律顧問	華洋法律事務所蘇文生律師

印刷	凱林印刷股份有限公司
初版一刷	2022 年 9 月
定價	499 元
ISBN	978-626-95760-7-4（平裝）

Printed in Taiwan 版權所有・翻印必究

特別聲明：有關本書中的言論內容，不代表本公司／出版集團之立場與意見，文責由作者自行承擔。

國家圖書館出版品預行編目(CIP)資料

大開眼界!超好讀人類科技史/吳軍著.-- 初版.–
新北市:快樂文化出版:遠足文化事業股份有限公司發
行, 2022.09
256面 ; 18.5×26公分
ISBN 978-626-95760-7-4(平裝)

1.CST: 科學技術 2.CST: 歷史 3.CST: 通俗作品

409   111008524